동물공중보건학

이수경 · 김수현 · 김진현 · 윤서연 · 장진욱 · 정수연

창지사

머리말

오늘날 우리는 사람과 동물이 서로 영향을 주고받으며 살아가는 세상에 살고 있습니다. 반려동물과 함께하는 삶, 축산업을 통한 식량 생산, 야생 동물과의 접촉, 그리고 동물로부터 유래된 다양한 질병까지 인간과 동물의 관계는 점점 더 밀접해지고 복잡해지고 있습니다. 특히 최근에는 코로나19와 같은 인수공통감염병의 위험성이 높아지면서, 동물보건과 공중보건을 함께 이해하는 능력이 그 어느 때보다 중요해졌습니다.

동물공중보건학은 이러한 관점에서 인간과 동물, 그리고 환경의 건강을 통합적으로 이해하고 관리하기 위한 학문입니다. 전염병의 예방과 통제, 식품안전, 환경위생 등 다양한 주제를 다루며, 인간과 동물 모두가 건강하게 살아갈 수 있는 방법을 모색합니다. 이는 오늘날 국제 보건 기구들이 강조하는 원 헬스(One Health) 개념의 핵심이기도 합니다.

본서 『동물공중보건학』은 동물보건과 공중보건의 접점에서 요구되는 전문지식과 실천적 접근을 다루고자 집필되었습니다.

동물공중보건학은 다음과 같은 이유로 매우 중요한 의미를 가집니다.

첫째, 인간의 감염병 중 상당수가 동물로부터 유래하기 때문에, 질병 예방과 대응을 위해서는 동물 관련 지식이 필수적입니다.

둘째, 식품 안전과 위생, 항생제 사용 관리 등 실생활과 밀접한 공중보건 이슈의 많은 부분이 동물과 관련되어 있습니다.

셋째, 인간과 동물, 환경 간의 상호 작용을 이해함으로써 보다 통합적이고 지속 가능한 보건 정책 수립이 가능해집니다.

본서를 접하는 동물 관련 분야를 전공하는 학생들이 인수공통감염병, 식품매개질환, 위생 관리, 환경보건 등 다양한 주제에 대해 동물보건의 중요성을 인식하고, 동물보건사 시험을 준비하는 데 유용한 길잡이가 되기를 기대합니다. 뿐만 아니라, 동물 관련 연구자와 관련 산업 종사자들에게 본서가 공중보건 전문가로서의 시야를 넓히고, 인간 중심의 공중보건을 넘어 통합적 건강 관리의 시각을 갖춘 보건 전문가로 성장하는 데 발판이 되길 기대합니다.

2025년 6월

대표 저자

차례

제 1 장

동물공중보건학의 개념과 발전

1 동물공중보건학의 정의 및 역할

1) 공중보건학(Public Health)

공중보건의 정의는 쉽게 내려질 것 같지만, 동시에 매우 정의하기 어려운 분야이다. 학자에 따라 수많은 견해가 존재하지만, 찰스 에드워드 아모리 윈슬로(Charles-Edward Amory Winslow, 1877 ~ 1957)의 견해가 널리 알려져 있다.

Charles-Edward Amory Winslow(1877~1957)

미국의 세균학자, 공중보건학의 선구자

"공중보건은 질병을 예방하고, 수명을 연장하며, 신체 건강과 효율성을 증진하기 위한 과학이자 기술로서, 이를 위해 환경 위생, 지역사회 감염의 통제, 개인위생 원칙에 대한 교육, 질병의 조기 진단과 예방적 치료를 위한 의료 및 간호 서비스의 조직, 그리고 모든 사람이 건강을 유지할 수 있는 적절한 생활 수준을 보장하는 사회적 장치의 개발 등 지역사회의 조직적인 노력이 필요하다."

출처: https://news.yale.edu/

윈슬로의 견해를 바탕으로 영국의 FPH(Faculty of Public Health)에서는 현대적으로 축약하여 "공중보건이란, 사회의 조직적 노력을 통해 질병을 예방하고, 수명을 연장하고, 건강과 웰빙을 증진시키는 학문이자 기술"로 정의하였다.

종합적으로, 공중보건은 지역사회 또는 국가 등 '조직적'인 활동에 의하여 질병의 예방과 웰빙, 나아가 수명의 연장을 목표로 하는 기술과 학문을 뜻한다. 예를 들면, 다음과 같다.

- 고혈압 환자에게 고혈압 약을 처방하는 대신, 비만, 당뇨병, 심장병 간 연관성을 연구하여 정책적으로 질병 발생을 낮추어 수명 연장을 도모한다.
- 식중독 환자에게 항생제 처방 대신, 식품과 물의 위생적인 생산과 유통을 정책적으로 관리하여 국민이 안심하고 식품과 물을 섭취하도록 한다.
- 조산이나 저체중아를 치료하는 대신, 그 요인들을 분석하여 아기의 건강을 유지할 수 있는 프로그램을 개발한다.

오늘날 공중보건학은 유전학, 만성 질환, 노화, 멘탈 케어, 재난 대응, 마약 규제 등 광범위한 분야에서 연구가 이루어지고 있다.

2) 동물공중보건학(Animal Public Health)

동물공중보건학은 인간의 복지와 보호에 초점을 둔 공중보건의 한 구성 요소이다. 인간과 동물, 환경이 복합적으로 작용하여 발생하는 경우가 많기 때문에 공중보건의 목표를 달성하기 위해서는 인간의 공중보건뿐만 아니라 동물공중보건의 이해가 필수이다. 따라서 동물공중보건학은 공중보건 분야에서 매우 중요하게 다루어지고 있다.

동물공중보건학은 가축의 위생 관리를 위한 가축의 감염병, 이에 따른 질병의 전파를 연구하는 학문인 역학(epidemiology)과 효과적인 차단을 연구하는 방역(quarantine), 그 이외에 동물의 건강에 영향을 미치는 환경위생, 사료위생 등의 학문을 포함한다. 또한 가축에서 기인하여 인간을 감염시킬 수 있는 요소인 인수공통감염병(zoonosis)과 가축에서 생산되어 인간이 섭취하게 되는 축산물의 위생 등의 학문을 포함한다.

최근에는 반려동물 개체수와 양육 가구가 늘어나게 되어 반려동물과 인간이 함께 생활 반경을 공유하는 문화가 확산되고 있다. 이에 따라 동물공중보건학은 인간의 공중보건을 위한 분야를 넘어 동물 자체의 복지를 위한 분야로 그 영역이 점차 확대되고 있다.

〈표 1-1〉 공중보건학의 구분

구분	설명
보건위생학 일반	• 동물의 건강 보호와 증진을 위한 전반적인 원칙과 방법 • 동물복지, 질병 예방, 위생 관리, 환경과의 상호 작용 포함
환경위생	• 동물의 환경이 건강에 미치는 영향 • 공기, 물, 토양, 일광이 면역력, 질병 발생률, 성장에 미치는 영향 분석 • 기후 변화가 동물 질병에 미치는 영향 • 축사와 오수 처리의 중요성 • 오염된 환경이 동물 건강에 미치는 영향
사양위생	• 동물의 영양 요구에 맞는 사료 선택 • 사료 품질 평가 및 감정법 • 사양 표준을 준수하여 동물 건강과 생산성 극대화 • 동물 영양 상태 평가 및 관리 • 사료 변질, 부적절한 보관에 의한 질병 예방 • 가공 사료의 유독성 문제 예방
식품관리위생	• 축산물의 안전성 확보 • 식중독, 농약 중독 예방 방법 • HACCP 시스템을 통한 품질 관리와 위해 요소 최소화
관리위생	• 방목지 및 축사 관리 • 운동과 일광욕을 통한 건강 증진 • 동물의 건강 관리 및 성장을 위한 관리 방법
역학	• 질병의 전파 및 발생 기전 분석 • 감염병 전파 경로, 병원체 특성, 숙주 면역 반응 설명 • 감염 및 유행의 3대 요인(병원체, 숙주, 환경) 예방 방법
방역	• 동물 질병 발생 및 확산 방지 전략 • 예방 접종, 격리, 청소 및 소독 방법 • 국가적/국제적 방역 협력 방안

구분	설명
기생충병 예방	• 기생충에 의한 질병 예방 및 관리 • 기생충 예방, 기생충 감염 예방 접종, 약물 사용 방법 • 기생충의 전파 방지 및 예방
급만성감염병관리	• 급성 및 만성 감염병 관리 • 급성 감염병 : 신속한 진단과 치료 • 만성 감염병 : 장기적인 관리와 예방
해외악성감염병관리	• 해외 악성 감염병 예방 및 관리 • 해외 발생 질병의 전파 차단 • 국제 보건기구(WHO)와의 협력 방안
인수공통질병관리	• 사람과 동물 간 전염 가능한 질병 예방 • 인수공통질병 예방을 위한 위생 관리, 예방 접종, 교육 방안 • 인간과 동물 간 감염 위험 감소

공중보건학의 역할은 아래와 같다.

① 질병 예방 및 통제 : 동물공중보건학은 동물 질병의 예방과 통제에 중요한 역할을 한다. 이는 동물 전염병이 사람에게 전염될 수 있는 위험을 줄이기 위한 작업이다. 동물 질병의 조기 진단, 예방 접종, 적절한 방역 조치 등을 통해 전염병의 발생을 방지하고 확산을 통제한다. 질병이 발생할 경우 신속한 대응을 통해 확산을 막고, 사람과 동물의 건강을 보호하는 데 기여한다.

② 식품안전 보장 : 동물공중보건학은 안전한 식품을 제공하기 위해 동물에서 유래한 식품(고기, 우유, 달걀 등)의 품질과 안전을 보장한다. 동물 질병이나 병원균이 사람에게 전달되지 않도록 동물의 건강을 관리하고, 동물 제품의 위생적 처리 및 가공 과정을 관리한다. 또한 HACCP과 같은 시스템을 도입하여 축산물의 안전성을 확보한다.

③ 환경적인 영향 관리 : 동물공중보건학은 환경 오염과 동물 건강 간의 상호작용을 관리한다. 동물들이 생활하는 환경이 그들의 건강에 미치는 영향을 평가하고, 환경 오염(예 : 공기, 물, 토양의 오염)이나 기후 변화가 질병 발생에 미치는 영향을 분석한다. 이를 통해 동물들의 건강을 보호하고, 환경을 지속 가능

하게 관리하는 방안을 모색한다.

④ 일반 위생, 보건 관리 교육: 동물공중보건학은 농장주, 수의사, 보건 전문가 등에게 위생 및 보건 관리 교육을 제공한다. 이 교육은 동물 건강을 유지하고 질병을 예방하는 데 필요한 위생적 관리 방법을 배우는 과정이다. 동물 관리자는 질병 전파를 최소화하기 위해 올바른 사육 방법, 청소 및 소독 절차, 예방 접종법 등을 습득한다.

⑤ 조기 진단 예방 및 수의 서비스 조직화: 동물공중보건학은 질병의 조기 진단과 예방을 강조한다. 질병의 초기 증상을 빠르게 식별하고, 적절한 치료나 예방 조치를 통해 확산을 방지한다. 또한 의료 서비스를 조직화하여 동물 질병에 대한 체계적인 관리와 대응이 가능하도록 한다.

⑥ 연구 및 혁신: 동물공중보건학은 새로운 질병 예방 및 치료 방법을 연구하고 혁신적인 해결책을 개발한다. 이는 동물 질병의 예방, 진단, 치료 기술에 대한 연구를 포함하며, 공중보건을 개선하는 새로운 기술과 방법을 제시한다. 또한 질병 발생의 원인과 전파 경로를 연구하고, 이를 바탕으로 더 효과적인 정책과 프로그램을 개발하는 데 중요한 역할을 한다.

⑦ 글로벌 건강 보호: 동물공중보건학은 글로벌 건강 보호를 위해 국제적으로 협력한다. 동물 질병은 국경을 넘어서 전 세계적으로 퍼질 수 있기 때문에, 국제기구들과 협력하여 동물 질병을 예방하고 통제하는 데 중요한 역할을 한다. 또한 개발도상국에서의 동물공중보건 향상을 위해 지원하고, 다양한 국가들이 동물 질병에 공동으로 대응할 수 있도록 돕는다. 글로벌 차원의 건강 위기(예: 팬데믹) 상황에서도 동물공중보건학은 중요한 역할을 한다.

글로벌 공중보건 유관 국제기구

WHO(세계보건기구)

WHO는 국제 공중보건에 초점을 맞춘 UN의 전문 기관이다. 주요 목표는 모든 사람이 가능한 한 최고 수준의 건강을 달성할 수 있도록 하는 것이다. 국제 보건 관련하여 건강 지표 트렌드를 모니터링하고, 건강 정책과 관행에 대한 지침을 제공한다. 팬데믹과 전염병과 같은 비상 상황에 대한 글로벌 건강 대응을 이끈다. WHO는 주로 인간 건강에 초점을 맞추지만, 특히 인수공통감염병 등 동물 건강과 인간 건강이 교차하는 문제에 대해서는 WOAH 및 FAO와 긴밀히 협력한다. 또한 인간 질병이 인간만을 관리해서는 완전히 통제할 수 없다는 한계성이 인식되면서 대두된 원 헬스 접근법에 따라 인간, 동물, 환경 건강의 상호 연결성을 강화한다.

FAO(식량농업기구)

FAO는 전 세계적으로 기아를 근절하고, 식량 안보를 개선하고, 지속 가능한 농업 개발을 촉진하는 것을 목표로 하는 유엔(UN)의 전문 기관으로, 식량 생산, 농업 개발, 영양 및 농촌 개발을 다룬다. FAO는 농업과 식량 안보에 더 중점을 두지만, WHO와 WOAH와 같은 다른 기관과 협력하여 다음과 같은 동물 건강과 관련된 분야에서도 활동한다. 동물 자원의 지속 가능한 이용을 촉진하며, 식량 안보와 공중보건에 영향을 미치는 동물 질병(예: 인수공통감염병)의 관리를 지원한다. 또한 축산물이 안전하고 국제 기준을 충족하도록 보장한다.

WOAH(세계동물보건기구)(구, OIE)

World Organisation for Animal Health

WOAH(구 OIE)는 WHO, FAO와 달리 동물에 초점을 맞추어 전 세계 동물 건강을 개선하고, 동물 복지를 증진하고, 동물 질병 확산을 예방하는 책임을 맡는 국제적 정부 간 기구이다. 동물 건강과 복지에 대한 국제 기준을 설정하고, 동물에 영향을 미치는 질병의 확산을 모니터링하며, 동물과 동물 제품의 안전한 무역을 보장하기 위해 노력한다. WOAH의 주요 업무는 다음과 같다.

- 안전한 국제 무역을 촉진하기 위해 동물 질병을 관리하기 위한 기준과 지침을 수립
- 국경을 넘나드는 동물 질병(TAD)과 신종 질병을 포함한 동물 질병의 역학을 모니터링 및 보고
- 동물에 대한 인도적인 대우 및 관리에 대한 기준을 설정하여 동물 복지 증진
- 동물 질병을 통제하기 위한 역량 강화가 필요한 국가에 기술 지원을 제공

2 공중보건학의 발전 역사

수렵과 채집으로 살아가던 인류가 정착할 수 있었던 것은 농경과 축산이 시작되면서 더 이상 떠돌아다니지 않아도 먹거리를 해결할 수 있게 되었기 때문이다. 가축화는 농경에 큰 도움을 주었으며, 인류에게 단백질을 제공하여 인류의 삶에 큰 도움을 주었지만, 인수공통감염병이라는 불청객도 함께 탄생하게 되었다. 동물이 살아가는 환경에 인간이 함께 거주하게 되면서 종간 장벽을 뛰어넘는 병원체의 변이가 발생하기 쉬운 환경이 되었다.

또한 도시가 탄생하고 사람들이 모여 살게 되면서 전염병의 창궐은 필연적이었고, 이를 효과적으로 제어하기 위한 광의적 의미의 공중보건의 역사가 매우 길었음을 나타내는 증거들은 여러 역사적 문헌에서 확인할 수 있다.

이러한 공중보건학의 긴 역사를 시대에 따라 크게 구분할 수 있는데, 학자에 따라 견해가 다양하지만, 일반적으로 고대기, 중세기, 여명기, 확립기, 발전기로 나뉜다.

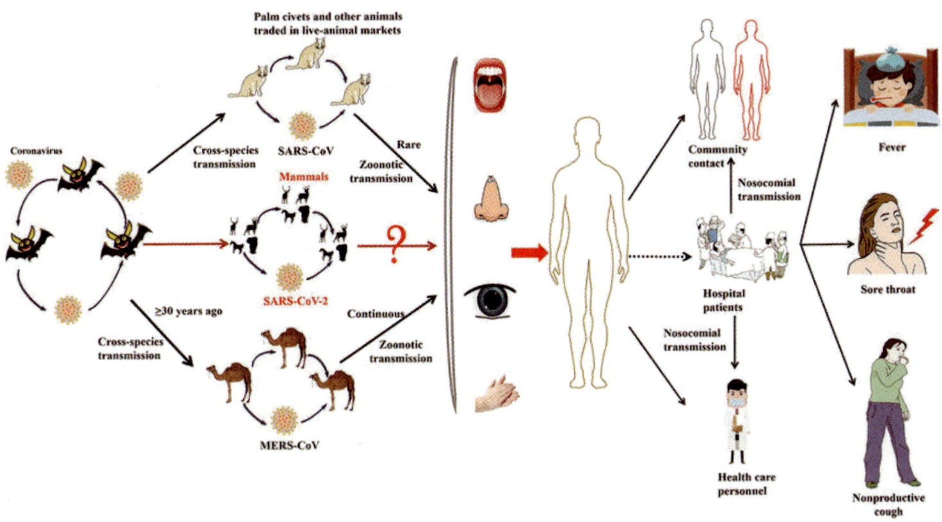

[그림 1-1] SARS, MERS와 COVID-19의 전파 경로
종간 장벽을 뛰어넘어 사람에게 전파되는 경로의 모식도

출처: Zhou et al(2021).

1) 고대기(~AD 500)

고대 바빌로니아의 함무라비 법전에서는 수의사의 진료 행위와 수가 등 보건 행정에 대한 기록을 확인할 수 있으며, 구약 성경 레위기 14장에서는 나병이 생겼을 때 환자의 격리와 의복 세탁 등의 율법을 기록하고 있다. 인더스 문명의 유적지로 유명한 모헨조다로 유적지에서는 하수도 시설이 발견되는데, 각 가정에서 배출된 하수도를 한곳에 모아 처리했던 시설이 존재하였다. 고대 이집트에서는 개인의 위생 관리를 강조하여 매일 목욕을 하였으며, 치약과 구강 세척제를 사용하였다. 로마 시대의 상수도 시설은 아직도 많은 국가에서 활용할 정도로 기술력이 뛰어났다. 각 지역별로 식수로 인한 질병을 차단하려는 노력이 상수도와 하수도 시설로 나타났고, 개개인의 위생과 청결 강조 의식은 불결로 인하여 발생하는 질병의 차단과 연관된다. 또한 동물과 관련하여 발생하는 질병들에 대한 이해와 이를 치료하였던 기록 및 격리와 차단방역을 통해 질병을 관리하려는 노력이 각 문명에서 기록과 유물로 확인되고 있다.

그리스의 '의학의 아버지'로 불리는 히포크라테스(Hippocrates, BC 460 ~ BC 370)는 질병이 초자연적인 힘이 아니라 환경적 요인에 의해 발생한다는 개념을 제시하였고, 아리스토텔레스(Aristotle, BC 384 ~ BC 322)는 동물종 사이에 질병이 확산된다는 것을 주장하였다. 로마의 갈렌(Galen, CE 129 ~ 216)은 히포크라테스를 계승하여 『위생학(*De Sanitate Tuenda*)』을 저술하였는데, 깨끗한 공기와 환경, 생활 방식에 따라 질병을 예방할 수 있다고 주장하였다. 이 시기에는 질병이 신의 저주나 벌이라고 여겨지기도 하였고, 히포크라테스는 4가지 체액의 균형이 깨져 질병에 이른다는 '장기설'을 주장하는 등 현대 관점에서 보았을 때 비과학적인 측면도 존재하였다. 하지만 인류가 질병의 전파를 막기 위해 조직적 측면에서 관리한 것은 고대 시대에도 존재하였다는 것을 알 수 있다.

2) 중세기(AD 500~1500년대)

중세기는 신 중심의 신본주의가 대세를 이루던 시기로, 실증적 과학 지식보다는 신학적 과학이 득세하던 시기였다. 이 시기 유럽 전역에서는 수도원이 의학을 담당하던 '수도원 의학'이 중심이었으며, 교조적인 기독교 철학의 영향으로, 질병은 죄를 지었거나 악마의 영향으로 발생한다고 여겼고, 병의 치유는 기적으로 받아들여졌다.

[그림 1-2] 채찍 고행

출처: 브리타니카 백과사전.

흑사병이 창궐하던 시기에, 이를 하나님이 내린 벌로 이해하여 자신을 채찍질하며 고행을 하였는데 이를 채찍 고행(Flagellantism)이라고 불렀다. 하지만 채찍질로 인해 피부가 터져 출혈이 발생하면서 오히려 전염 위험성이 증가하는 등 비과학적 처치를 통하여 오히려 전염병의 대유행을 촉발시키게 된다.

또한 유럽의 왕들은 미신적 요소를 통치에 이용하기도 하였는데, 왕의 성스러운 손길이 나병을 치유할 수 있다는 소문이 퍼져 기존의 교회 권력을 누르고 왕권이 강화되는 계기가 되었다.

이와 같이, 공중보건학은 이 시기의 많은 미신과 비과학적 요소에 밀려 정체된 암흑시대였다. 실제로 이 시기에 흑사병의 창궐로 유럽 인구의 30~50%가 사망하였으며, 나병과 콜레라 창궐 등 전염병 피해가 극심하였다.

[그림 1-3] 흑사병의 영국 상륙으로 인구의 30~50%가 사망함(영국 웨이머스항)

출처: https://ko.wikipedia.org

하지만 이 시기에는 흑사병의 피해가 극심하면서 접촉전염설이 도입되어 1383년 프랑스 마르세유에서는 입항 시 40일간 격리를 실시하였고, 베네치아 공화국의 식민 도시 중 하나인 라구사(현재 크로아티아 두브로브니크)에서는 전염병이 창궐한 지역에서 출발한 모든 선박이 해안에서 떨어진 바위섬에 정박하여, 한 달간 격리되었다. 이는 접촉으로 인한 전염을 이해하여 내린 정책이며, 원시적인 공중보건학의 태동으로 볼 수 있다.

유럽의 공중보건학이 큰 진전을 이루지 못하는 사이, 이슬람 의학은 이 시기에 크게 발달하였다. 이븐 시나(Avicenna, 980~1037)의 대표 저서인 『의학전범(*The Canon of medicine*)』에서는 생리학, 위생학, 치료학, 약물학 등을 다루어 동서

양 의학사에서 가장 영향력이 큰 서적으로 알려져 있다. 그는 최초로 알코올을 소독제로 추천하였고 폐결핵의 전염성을 알렸다. 그 당시 이슬람 병원은 공중보건, 예방의학을 포괄하는 현대적인 병원을 운영하였다. 이처럼 중세 유럽에서는 공중보건이 의학적으로 큰 진전을 이루지 못하였으나, 이슬람 세계에서는 고대 그리스 사상을 계승하여 이를 집대성하고 이는 후대 유럽으로 다시 전해지게 된다.

이 시기의 비과학적인 공중보건학은 14세기 흑사병의 창궐과 함께 궤멸적인 인구 붕괴가 나타남에 따라 교회 권력이 붕괴되면서 역병의 원인을 과학적으로 분석하려는 집단이 탄생하였다. 이는 르네상스가 도래할 저변이 되었다.

3) 여명기(1500~1850년)

흑사병 창궐 이후 기존의 세계관에 변화가 생겼다. 또한 이슬람 세력의 발흥과 1453년에 콘스탄티노폴리스(동로마 제국의 수도)가 오스만 제국에 의해 함락되면서 기존의 비잔틴 학자들이 유럽으로 대거 건너오게 되었다. 이에 따라 고대 그리스, 로마의 의학과 이슬람 의학이 다시 유럽으로 유입되었고, 이러한 역사적 흐름이 공중보건학의 르네상스를 시작하게 만드는 토양이 되었다.

이 시기에는 신본주의에서 고대의 인본주의로 회귀하는 르네상스의 흐름 속에 공중보건학 또한 실증적이고 과학적인 분석하에, 개인위생보다 공중위생이 강조되기 시작한 시기이다. 이 시기에는 질병의 원인이 좀 더 과학적으로 분석되었고 최초로 전염성 포자의 존재가 주장되었다.

의사로도 활동했던 지롤라모 프라카스토로(Girolamo Fracastoro, 1476~1553)는 전염병에 관련된 논문「전염병과 그 치료에 대하여(De contagioibus et contagiosismorbis et curatione libri III)」(1546)에서 눈에 보이지 않는 전염성의 입자(formite)에 의해 질병이 전파될 수 있다는 것을 주장하였다. 그는 질병의 전파방식을 현대 감염 모델과 유사하게 직접 접촉, 간접 접촉(감염된 사람으로부터 오염된 침구류, 의류, 도구), 공기 매개 감염, 세 가지로 제시하였다.

안토니 반 레이우엔후크(Antonie van Leeuwenhoek, 1632~1723)가 1676년 자신이 개발한 현미경을 통하여 미생물을 최초 발견하였다. 오늘날 우리가 알고 있는 원생동물, 조류(藻類), 효모, 세균 등 주요 단세포 미생물을 발견하였고, 이는 프라카스토로의 주장을 일부 증명하는 것이었다.

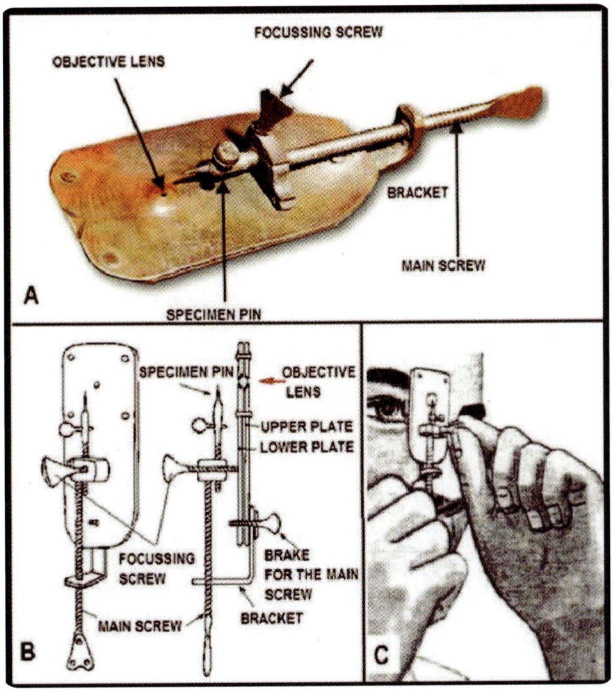

[그림 1-4] 레이우엔후크의 현미경

출처: Adeel(2016).

에드워드 제너(Edward Jenner, 1749~1823)는 우두 접종을 통하여 천연두를 예방하는 것을 실증하였다. 우두(cowpox)는 소의 유방과 유두에 딱지, 궤양, 수포가 생기는 질병으로, 소의 젖을 짜는 사람들이 흔히 감염될 수 있다. 제너가 살았던 지방에서는 우유 짜는 사람들이 우두를 앓은 뒤에는 천연두에 걸리지 않는다는 소문이 있었다. 제너는 이러한 사실을 증명하기 위해 한 소년에게 우두균을 접종한 후 천연두를 접종하였으나 큰 증세가 없었다. 이와 같은 실험을

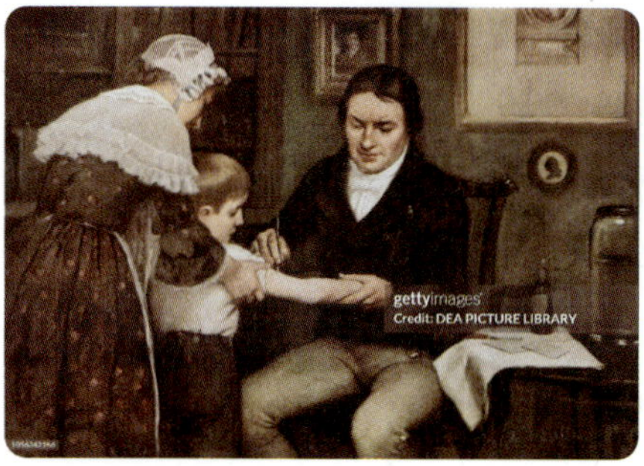

[그림 1-5] 에드워드 제너가 8세 소년에게 처음으로 백신을 접종하는 모습

출처: mbdrive.gettyimageskorea.com

23회 거친 후 제너는 이 실험 결과를 왕립학회에 보고하여 종두법이 세상에 발표되었다.

라틴어로 암소를 뜻하는 'vacca'에서 유래하여 종두법을 'vaccination'이라고 명명하였는데, 제너가 소의 질병인 우두를 접종하여 천연두를 예방하였다는 점에서 착안한 것이다. 종두법은 인류 최초의 백신 접종법으로, 인류사에 큰 획을 그은 사건이다. 감염병에 속수무책으로 당할 수밖에 없었던 인간이 더 이상 무력하지 않고 인류의 기술로 감염병에 대항한 최초의 사건이었다.

이러한 미생물학적 지식을 바탕으로 이를 행정적인 체계로 관리하여 질병의 발생을 낮추려는 공중보건 사상이 발전하게 되었다. 오스트리아의 의사 요한 페터 프랑크(Johann Peter Frank, 1745 ~ 1821)는 그의 저서 『의사 행정 대계(*System einer vollständigen medicinischen Polizey*)』에서 '의료 경찰(Medizinische Polizei)' 개념을 도입하였다. 이는 국가가 공공보건을 규제하고 개선할 의무가 있다는 주장이었다. 그는 국민 건강을 위해 깨끗한 물 공급, 폐기물 처리, 식품 안전, 도시 위생을 강조하였으며, 전염병 통제를 위한 격리 조치, 백신 프로그램, 병원 내 위생 조치를 주장하였다. 그는 국가의 자금 지원하의 의료 시스템과 빈곤층, 취약층의 의료 접근성 개선, 의사 교육 및 윤리 기준 등 성공적인 공중보건 달성을 위한 모든 요소를 언급하였다. 그는 "국민의 건강을 확보하는 것은 국가의 역할이다."라는 개념을 설파하여 현대 공중보건의 아버지로 불린다.

에드윈 채드윅(Edwin Chadwick, 1800 ~ 1890)은 <영국 노동 인구의 위생 상태에 관한 보고서(report on the sanitary condition of the labouring population of great britains)>(1842)에서 영국의 열악한 위생 시설, 과밀화가 높은 질병률과 직접적인 연관성이 있어 공중보건을 개선하기 위한 정부 개입의 필요성을 역설하였다. 그는 하수 시스템 정비, 깨끗한 물의 공급 등의 시설 개선과 지역 보건 위원회 설치를 통한 위생 활동 감독, 빈곤층을 위한 주거 환경 개선 등을 주장

했는데, 이 보고서를 바탕으로 1848년 영국 최초 공중보건법이 제정되었다.

레무엘 사턱(Lemuel Shattuck, 1793~1859)은 1850년 <매사추세츠주 위생위원회 보고서(Report of the Sanitary Commission of Massachusetts)>를 통해 체계적인 공중보건 시스템 부족을 폭로하고 표준화된 보건 통계 기록과 빠르게 성장하는 도시의 배설물 제거 방법, 보건의료인 교육 등의 내용을 담아 발표했고 많은 주에서 공중보건 개혁을 촉진하였다.

세계사적으로 르네상스 시기부터 초기 근대 시대에 이르기까지의 과학 혁명기에 얻어진 생물학적 지식이 공중보건학에 접목되어 과학적이고 체계적인 공중보건학으로 진보하던 시기였다.

4) 확립기(1850~1900)

확립기는 근대기라고도 불리며, 공중보건학적 제도가 구체화되고 정립되어 틀이 잡히기 시작한 시기이다. 이 시기에는 미생물학, 역학, 면역학이 발전하고 미생물학적인 병인론이 확립된 시기로, 질병은 세균 및 바이러스 등 병인체에 의하여 발생하며, 이를 사멸시키고 억제하는 것이 질병을 방지할 수 있는 방법이라는 사실이 널리 받아들여졌다.

역학의 선구자로 알려진 존 스노우(John Snow, 1813~1858)는 1854년 런던에서 창궐한 콜레라의 역학조사 보고서를 통해 당시 대세였던 미아즈마[1)]설을 부정하고 콜레라균에 의해 발생하였음을 증명하였다. 그는 600여 명의 콜레라 사망자를 추적하여 환자가 특정 펌프를 사용하여 물을 섭취하고 있음을 확인했다. 이와 유사한 지역에 거주했지만 콜레라에 감염되지 않은 사람들은 해당 펌

1) 미아즈마 이론은 질병이 썩은 유기물에서 나오는 '나쁜 공기', 즉 '미아즈마'로 인해 발생한다는 가설로, 질병의 세균 이론이 개발되기 전인 19세기까지 고대부터 널리 퍼졌다. 사람들은 전염병, 콜레라, 기타 전염병이 특히 더럽거나 늪지대에서 악취가 나는 공기를 통해 퍼진다고 믿었다. 하지만 1800년대 중반 존 스노우의 콜레라 연구(1854년)와 19세기 후반에 루이 파스퇴르와 로버트 코흐가 세균 이론을 밝혀냄으로써 미아즈마 이론을 대체하였다.

프를 사용하지 않고 별도의 우물을 사용하거나, 양조장의 저급 맥주를 물 대신 섭취한 사실을 밝혔다. 반대로 문제의 펌프로부터 멀리 떨어졌지만 콜레라에 감염된 사람들은 멀리서 해당 물을 공급받아 섭취하였다는 사실도 알아냈다. 따라서 그는 해당 펌프를 오염원으로 지목하고, 지역 이사회를 설득하여 해당 펌프를 폐쇄하였고, 이미 감소하고 있던 콜레라 감염은 펌프 사용이 중단되자 사라졌다. 이 사건의 결과, 의회는 런던의 상하수도 시스템을 정비하도록 강제하는 법안을 통과시켜 더 이상 오물이 템즈강으로 흘러 들어가지 않게 되었다.

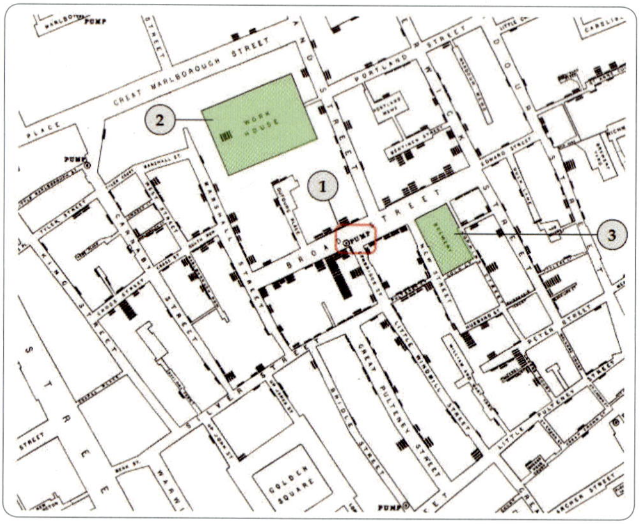

[그림 1-6] 1854년 런던 코로나 창궐 시 존 스노우가 표기한 지역별 사망자 지도

출처: https://www.researchgate.net/publication/335686081_Meta-Modeling_of_Big_Data_visualization_layer_using_On-Line_Analytical_Processing_OLAP/citation/download

미생물학적 발전 또한 이 시기에 크게 진전된다. 루이 파스퇴르Louis Pasteur, 1822~1895)는 탄저균, 가금콜레라균, 돈단독균을 발견하였으며, 로버트 코흐(Robert Koch, 1843~1910)는 파상풍균, 결핵균, 콜레라균을 발견하여 질병이 미생물로부터 기인한다는 사실을 밝혀내었다.

제멜바이스(Ignaz Philipp Semmelweis, 1818~1865)는 1861년에 산욕열 감소를 위해 소독의 필요성을 역설한 '산욕열의 원인, 개념과 예방(The etiology, concept, and prophylaxis of childbed fever)'를 발표하였고 조셉 리스터(Joseph Lister 1827~1912)는 석탄산을 이용한 소독법을 개발하여 수술 시 패혈증 발생 빈도를 현격히 감소시켰다.

또한 미생물에 대한 이해도가 높아짐에 따라 식품위생학적으로 발전하였는데, 루이 파스퇴르는 60℃로 살균하면 와인 내 부패세균을 사멸시킬 수 있다는 저온살균법을 고안하였다. 이는 와인뿐만 아니라 맥주, 우유 등 발효 식품의 위생적 장기 보존을 가능하게 하였다. 특히 우유를 통해 감염이 가능한 인수공통 질병인 결핵, Q열, 브루셀라 등을 효과적으로 제거할 수 있다.

이러한 학자들의 노력에도 불구하고 모든 과학적이고 획기적인 발견이 당대에 널리 받아들여진 것은 아니다. 제멜바이스는 본인의 소독 개념이 받아들여지지 않자 성격이 변하였고, 정신병원에서 봉와직염이 패혈증으로 이어져 사망하였다. 존 스노우는 당시 콜레라의 원인으로 상수원의 오염을 지목했으나 당대에는 마이즈마 이론이 우세하였으므로 받아들여지지 않았고, 상수도보다는 악취가 심한 하수도 시설의 정비에 더욱 심혈을 기울였다. 콜레라는 그 이후 다시 창궐하였고 존 스노우 역시 사후에서야 인정받게 되었다.

이 시기는 미생물학의 획기적인 발전에 따라, 정확한 원인은 모른 채 정황상으로 결론 내려졌던 많은 과학적 의문이 해소되었다.

5) 발전기(1900~현재)

확립기까지가 미생물학의 발전으로 병인론이 급속히 발전하던 시기였다면, 발전기에는 알려진 지식을 바탕으로 사회경제학적 측면에서 공중보건학을 바라보게 되었다. 이 과정에서 국가 및 제도적 장치들이 수립되었다.

확립기의 유산인 세균학의 발전으로 인해 정부는 광범위한 위생 정책을 실시하였으며, 존 스노우의 콜레라 연구 이후 주요 도시에서는 상하수도 시설의 정비가 실시되었다. 런던에서는 1858년의 '대악취(The Great Stink) 사건' 이후로 1859~1865년에 걸쳐 광범위한 하수도망을 구축하였다. 이를 통해 오·폐수가 템즈강으로 흘러가는 것을 막아 더 이상 도시 전역에 악취가 발생하지 않게 되었으며, 도시의 위생 상태가 크게 개선되었다.

상수도 시설의 경우 고대 로마 시대부터 이어져 왔지만, 현대적 의미에서 살균된 용수의 공급은 염소 소독법의 개발 이후이다. 1908년 존 L. 리얼 박사(John L. Leal, 1858~1914)에 의해 최초로 뉴저지 저지시티에서 상수도에 염소 소독을 실시하였고, 이후 유럽과 북미의 많은 도시에서 이 방법이 도입되었다. 이후 장티푸스와 콜레라의 발병이 확연히 줄어들었다.

[그림 1-7] 공사 중인 런던 하수도 시설의 모습

출처: https://www.thetimes.com/travel/destinations/uk-travel/england/london-travel/pouring-money-down-the-drain-for-londons-super-sewer-wsq9gzzmkhl

백신 또한 대규모로 국가 차원에서 도입되는데, 천연두 접종이 확대되었을 뿐만 아니라 1923년 가스통 라몽(Gaston Ramon, 1886~1963)에 의해 개발된 디프테리아톡소이드 백신이 1920~1930년대 널리 도입되면서 디프테리아 발생률이 현저히 저하되었다. 1940년대에는 현재 접종하고 있는 형태인 DTP 백신(디프테리아-백일해-파상풍 혼합백신)이 개발되었다. 1921년에 개발된 BCG 백신은 1920~1930년대 유럽 전역으로 퍼져 널리 사용하였고 소아 결핵과 결핵성 뇌막염이 감소하였다.

1897년에는 로널드 로스 경(Sir Ronald Ross, 1857~1932)에 의해 말라리아가 모기에 의해 전파된다는 사실이 알려지면서 모기 방제 프로그램 또한 크게 발전하였다. 모기 번식을 줄이기 위해 습지에 배수 시설을 설치하고, 고인 물의 표면에는 기름을 부어 모기가 서식하지 못하게 하였다. 이러한 방법을 동원하여 험한 정글인 파나마 지협에서 운하 공사를 성공적으로 마칠 수 있었고, 파나마 운하의 개통은 태평양과 대서양을 해로로 이어 주어 지정학적으로 아주 큰 의미를 가지게 되었다.

퀴닌의 개발로 말라리아 치료가 가능해지자, 그동안 백인들이 말라리아로 인해 감히 접근하지 못했던 아프리카 대륙 내로 진출할 수 있게 되었고, 이를 계기로 본격적인 열강의 아프리카 식민지 쟁탈전이 시작되었다.

1928년 페니실린의 발명은 인류 역사에 아주 중요한 사건이었다. 알렉산더 플레밍(Alexander Fleming, 1881 ~ 1955)이 실수로 발견하였다는 일화로 유명한 최초 항생제, 페니실린의 개발은 수많은 생명을 구했다. 2차 세계 대전 기간인 하워드 월터 플로리 연구팀은 화이자와 함께 1944년 3월 페니실린 대량 생산에 성공하였고, 1944년 6월 노르망디 상륙 작전에 투입된 미군의 90%는 페니실린을 보유하고 있었다. 이로 인해 12 ~ 15%의 연합군 병사가 생존할 수 있었다.

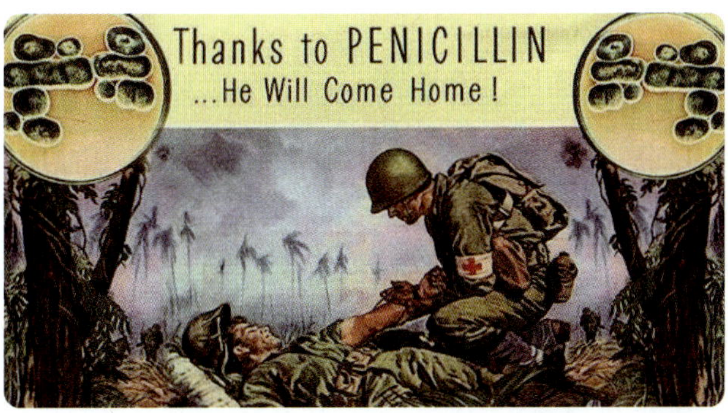

[그림 1-8] 2차 세계 대전 기간 포스터

페니실린이 부상당한 군인을 집으로 돌아올 수 있게 도와주었다는 내용

출처: https://www.nationalww2museum.org/sites/default/files/2017-07/thanks-to-penicillin-lesson.pdf

이러한 의학과 과학, 미생물학의 발전과 함께 공중보건 정책 및 글로벌 이니셔티브도 함께 발전하였다. 1948년 세계보건기구(WHO)의 설립을 통해 전 세계적인 질병 감시, 예방 접종 프로그램, 건강 교육 등 공중보건의 전 영역에 걸

쳐 핵심적인 역할을 수행하게 되었다. 역학(Epidemiology)의 발전은 전염병 발생을 줄이는 데 기여하였으며, 백신과 항생제의 개발로 감염성 질환은 크게 감소하였다. 그 결과, 선진국에서는 주요 질병 양상이 점차 심장병, 암, 비만 등과 같은 만성 질환으로 옮겨가게 되었다. 이 기간의 WHO는 전 세계적인 적극적인 백신 캠페인(1967~1980)을 실시하여 과거 인류를 공포에 몰아넣었던 천연두를 1980에 박멸 선언하였다.

모자 건강 이니셔티브도 발전하게 되는데, 정부는 산전 관리, 모유 수유 촉진, 영양 프로그램 등을 제시하여 유아 사망률을 줄이는 데 큰 기여를 하게 된다. 이는 저개발국에서 폭발적인 인구 성장으로 이어진다.

1980년대 이후 인간 면역결핍 바이러스(Human Immunodeficiency Virus, HIV)의 감염으로 발생하는 후천성면역결핍증후군(Acquired Immune Deficiency Syndrome, AIDS)의 세계적 확산으로, 바이러스학 연구가 활발해지고 콘돔 사용, 안전한 성교육, 항레트로 바이러스 치료(ART)를 포함한 예방을 위한 공중보건 정책이 확대되었다. 또한 HIV/AIDS에 관한 유엔 공동 프로그램이 세계적 대응을 조정하기 위해 설립되었다.

보편적 의료 시스템도 이 시기에 전 세계적으로 확대 도입된다. 최초의 보편적 의료 시스템은 독일의 의료보험으로, 기본적인 틀은 1883년 비스마르크 시절 도입된 공적 의료보험 제도(Social Health Insurance, SHI)이다. 19세기 후반으로 향해 가면서 전 유럽으로 산업 혁명이 확산되었다. 특히 독일에서도 산업화가 급속히 이루어졌는데, 산업 현장에서는 열악한 근무 환경으로 인해 노동자들의 부상과 질병이 많아졌으며, 다치거나 병든 노동자들은 치료를 원활히 받지 못하고 직장에서 해고되는 등 빈곤으로 이어지는 경우가 많았다. 따라서 노동자들을 질병과 경제적 어려움으로부터 보호하고, 정부 차원에서는 보다 건강한 노동력을 보장하여 국가 경제를 강화하는 이점이 있었다.

의무적 기여금을 바탕으로 하는 보편 건강보험 제도의 시초로 알려진 독일의 모델은 이후 다른 국가에 영감을 주어 오스트리아, 헝가리, 노르웨이, 스웨덴, 영국 등이 유사한 보편적 건강보험 제도를 수립하게 된다.

영국의 건강보험 제도는 독일의 모델보다 한층 더 보편적 접근성을 강화한 모델로, 베버리지 모델이라고도 불린다. 1948년 창설된 NHS(National Health Service)는 모든 영국 국민이 소득과 관계없이 무료로 병원을 이용할 수 있는 시스템으로, 대부분의 병원은 NHS가 직접 공공 소유로 운영되며, 의사들 또한 NHS 소속 혹은 정부에서 급여를 받는 형태로 운영된다. 이러한 모델은 병원에 대한 문턱이 낮아 아픈 사람 누구나 병원에서 진료를 받을 수 있다. 복잡한 보험 서류 없이 무료 진료가 가능하며, 보험 시스템에 비해 행정 절차가 간소하여 행정 비용이 낮다는 장점이 있다. 그러나 비긴급 진료는 대기 시간이 매우 길고, 전문의를 지정할 수 없어 환자의 의료진 선택권이 제한된다. 따라서 부유층의 경우 민간 보험을 이용하여 빠른 진료를 받기도 한다.

3 원 헬스(One Health)

원 헬스(One Health)는 인간, 동물, 환경의 건강이 상호 연결되어 있으며, 이를 통합적으로 관리해야 한다는 개념이다. 즉, 인간과 동물의 건강, 그리고 생태계가 서로 영향을 미치므로 다양한 분야의 협력이 필요하다는 것을 강조하는 접근 방식이다. 사람의 건강 문제를 인간보건 분야에서만 다루는 방식이 효용성을 잃어감에 따라 인간-동물-환경이 서로 영향을 주고받는다는 원 헬스 개념이 대두되었다. 원 헬스의 핵심은 인간, 동물, 환경의 건강이 하나로 연결되어 있다는 인식이며, 이를 보호하기 위해서는 다학제적 접근이 필수적이다. 원 헬스의 주요 정의는 다음과 같다.

- 세계보건기구(WHO): "One Health는 인간과 동물, 환경 간의 상호 작용을 인식하고, 다양한 분야가 협력하여 건강 문제를 해결하는 접근법이다."
- 세계식량농업기구(FAO): "식량 안전, 공중보건, 지속가능한 농업을 위해 인간과 동물 건강 및 환경을 통합적으로 고려해야 한다."

- 세계동물보건기구(WOAH, 구 OIE): "One Health는 인류, 동물, 생태계의 건강을 보호하기 위해 다학제적 협력을 기반으로 한다."

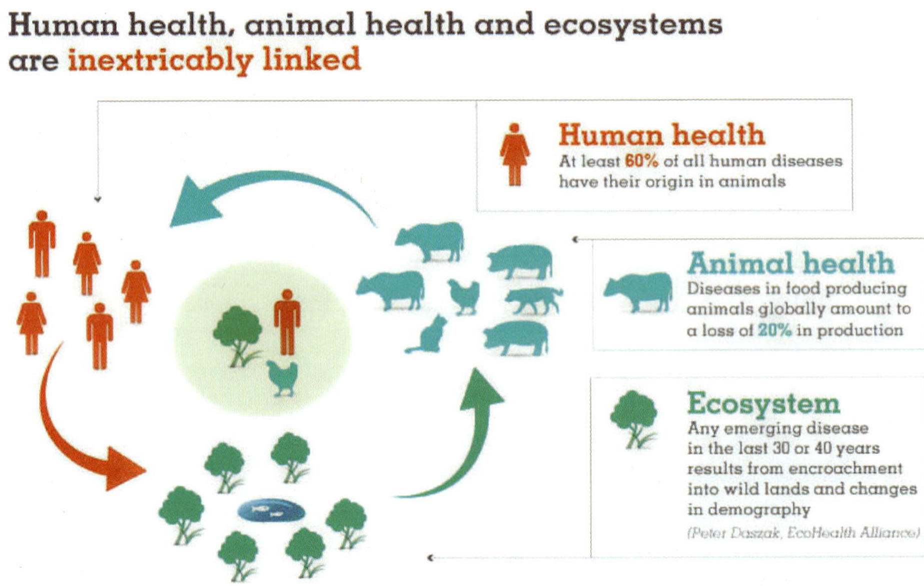

[그림 1-9] 원 헬스 개념 모식도

출처: https://www.binsarfarms.com/binsar-farming-standards

〈표 1-2〉 '하나의 세계, 하나의 건강'을 위한 맨해튼 원칙에서 12가지 권고 사항과 주요 내용

키워드	주요 내용
인간과 동물의 연결 생물 다양성	1. 인간과 가축 그리고 야생 동물 사이의 본질적인 연결 고리를 인식한다. 여기서 발생하는 질병이 대중과 식량 공급, 경제에 미치는 영향 역시 알아차려야 한다. 생물 다양성은 건강한 환경을 유지하는 데 필수이다.
생태계 복원력 토지와 물	2. 토지와 물 사용이 하나의 건강에 실질적 영향을 미친다는 걸 깨우쳐야 한다. 생태계 복원력과 질병 발생 패턴의 변화 차원에서 말이다.
야생 동물의 보건과학	3. 전 세계 질병 예방, 감시, 모니터링, 통제와 완화의 필수 구성 요소로서 야생 동물의 보건과학을 포함시켜야 한다.
인류 보건 프로그램	4. 인류 보건 프로그램은 하나의 세계 보전 노력에 기여할 수 있다.

키워드	주요 내용
종간 상호 작용	5. 공간의 복잡한 상호 작용을 충분히 고려해야 한다. 이를 위해 대응적이고 종합적이며 미래 지향적인 접근법을 고안해야 한다.
인간의 수요와 생물 다양성 통합	6. 전염병 위협에 대한 해결책을 고안할 때 가축을 포함한 인간의 수요와 생물 다양성 보전의 관점을 완전히 통합해야 한다.
야생 동물 거래 규제와 수요 감소	7. 살아 있는 야생 동물과 고기 거래를 더 잘 규제하고 수요를 감소해야 한다. 이는 새로운 병원체와 숙주 간 관계로 발생할 수 있는 종간 질병 확산을 줄이기 위함이다.
야생 동물 대량 도살 제한	8. 질병 통제를 위해서 야생 동물의 대량 도살을 제한해야 한다.
인간·동물보건을 위한 투자	9. 전 세계 인간과 동물의 보건과 하나의 건강을 위해 투자를 늘려야 한다.
지역과 기관을 초월한 협업	10. 세계 보건 및 생물 다양성 보전을 위해 정부와 지역 주민, 민간과 공공 부문의 협업을 추진해야 한다.
야생 동물보건 감시 네트워크에 지원	11. 전 세계 야생 동물보건 감시 네트워크에 적절한 지원을 제공하고 지원해야 한다.
더 건강한 지구를 위한 인식 제고	12. 더 건강한 지구에 대한 인식을 제고하기 위해 교육과 정책 개선에 투자해야 한다.

출처: 김재호(2021). 원 헬스(One Health) 측면에서 보건 연구의 동향.

〈표 1-3〉 원 헬스 주요 진행 결과(해외)

일자 및 장소	주최 기관 및 인물	주요 내용
1984	캘빈 슈바베 (1927～2006)	저서 『수의학과 인간 건강』에서 의학과 수의학의 비교학적 접근을 구체화한 '원 메디신' 개념 제시. 이후 2000년대 이르러 의학과 수의학의 학제적 협업을 모색했던 개념이 다학제적 접근의 원 헬스로 진화
2004. 9. 29.	야생 동물보존협회 (Wildlife Conservation Society)	12개의 '맨해튼 원칙' 권고안 발표(미국 록펠러대)
2009. 11.	원 헬스 위원회와 국립과학원	원 헬스 서밋(One Health Summit) 개최. 미국의 주요 연구소들의 공동 연구 추진 합의
2011. 2. 14.～ 2011. 2. 16.	원 헬스 위원회	60개국 650명 이상의 사람들이 참석한 제1회 국제 원 헬스 회의 개최. 인간 간 커뮤니케이션 강화 및 경제학 등 다른 분야를 포함한 넓은 개념의 원 헬스 제시

일자 및 장소	주최 기관 및 인물	주요 내용
2011. 4. 7.	세계보건기구(WHO)	세계 보건의 날(World Health Day) '항생제 내성균의 세계적 확산 방지 대책' 선정 및 각 정부에 대한 정책 권고
2014. 2.	미국 오바바 정부 (2009∼2017)	글로벌 보건 안보 구상(Global Health Security Agenda, GHSA)
2015. 1. 31.	아프리카 연합	제24차 아프리카 연합 정부 수반 총회 개최해 '어젠다 2063' 채택. 사람들의 건강을 제일로 제시
2015. 5. 18.	세계보건기구(WHO)	스위스 제네바에서 제68회 세계보건 총회 개최. 감염병 대응을 위한 선제적인 R&D와 감염병 연구개발 투자의 중복을 해결하기 위한 로드맵을 수립. 3대 목표와 9개 과제 제시
2018	세계보건기구(WHO)	2018 연구개발 청사진(2018 R&D Blueprint) 발표. '질병 X(Disease X)'가 에볼라, 사스, 지카 바이러스와 같은 가상의 바이러스가 치명적일 수 있다고 경고
2018	유럽의 22개 회원국 44개 수의학 및 관련 연구소들	원 헬스 유럽 연합 프로그램(One Health European Joint Pro-gramme, OHEJP) 출범
2018. 6. 22.∼ 2018. 6. 25.	원 헬스 국제회의	제5차 세계 원 헬스 회의(캐나다 새스커툰). 항균제 내성 등에 대한 데이터 연구 발표. 인공지능과 데이터 마이닝의 다차원 분석을 위해 수학적 모델링 사용. 9개 유럽 국가에서 179개 돼지 농장으로부터 항균제 사용이 항균제 내성 출현에 미치는 영향 분석
2019. 5. 22.∼ 2019. 5. 24.	유럽의 22개 회원국 44개 수의학 및 관련 연구소들	제1회 원 헬스 유럽 연합 프로그램 미팅(아일랜드 더블린). 296명의 대표단이 참여해 80개 이상의 연구 포스터와 60개 이상의 스피치 진행
2019. 11. 14.∼ 2019. 11. 15.	아프리카 CDC 본부	제1회 원 헬스 국제 포럼 '아프리카의 글로벌 공중보건 보안 및 정책을 강화하기' 개최(에티오피아 아디스아바바(Addis Ab-aba))
2020. 3. 26.	G20	G20 정상은 WHO, IMF, WBG, UN 등과 코로나19에 대응하기 위한 초국가적 협력을 약속
2020. 5.	란셋 원 헬스 위원회	「코로나19 극복을 위해서 원 헬스 연합체를 요구한다」 발표
2020. 10.	IPBES(생물 다양성과 생태계 서비스에 관한 정부 간 과학 정책 플랫폼): 전문가 22인 포럼	온라인 포럼 결과로 '팬데믹 시대 극복하기' 발표

일자 및 장소	주최 기관 및 인물	주요 내용
2020. 10. 30.~ 2020. 11. 3.	에든버러대, 에든버러대 전염병 연구소, 아프리카 CDC, 남부 아프리카 감염병 감시센터	제6차 세계 원 헬스 회의 온라인으로 개최
2020. 12.	코트니 워 등 3명의 전문가	노드대학교 생명과학과 교수 코트니 워 등 3인은 원 헬스가 인수공통감염병 극복에 대안이 되지 못한다며, 북극 모니터링 프로그램(기후변화 대응)이 필요하다고 비판 란셋 원 헬스 위원회 공동의장인 오슬로대 안드레아 윈클러 등 2인이 재반박. 원 헬스는 더 넓은 의미로 해석할 필요가 있다고 강조
2021. 6. 9.~ 2021. 6. 11.	유럽의 22개 회원국 44개 수의학 및 관련 연구소들	제3차 원 헬스 유럽 연합 프로그램(One Health European Joint Programme, OHEJP) 개최 예정(덴마크 코펜하겐)
2022. 6. 14.~ 2022. 6. 17.	원 헬스 국제회의	제7차 세계 원 헬스 회의(싱가포르) 개최 예정
2021. 7. 11.~ 2021. 7. 24.	UC데이비스대	처방법 원 헬스 현장 연구소(Rx One Health Field Institute) 집중교육과정 캘리포니아에서 개최 예정

출처: 김재호(2021). 원 헬스(One Health) 측면에서 보건 연구의 동향.

인간에게 위협이 되는 감염병 중 많은 비율로 인수공통감염병(Zoonotic Disease)[2]이 차지하고 있다. 인수공통감염병은 동물에게 인간과 동일한 수준의 방역을 요구할 수 없기 때문에 사실상 완전 박멸이 불가능하며, 동물에게는 무증상 보균하거나 약하게 증상을 앓지만 인간에게 치명적인 경우가 있어 질병 통제가 매우 어렵다. 인류가 알고 있는 인수공통감염병은 약 250종이다. 원 헬스 차원에서 중요한 감염병은 100여 종이 된다.

인간의 건강은 환경에 영향을 많이 받는다. 공기와 수질이 나쁠 경우 이로 인한 질병에 노출되며, 중금속이나 방사능, 최근 대두되는 미세플라스틱으로 인

2) 인수공통감염병이란, 동물에서 사람으로 전염되는 감염성 질환이다. 바이러스, 세균(박테리아), 기생충 또는 곰팡이 등의 감염원에 의해 발생할 수 있으며, 직접 접촉, 동물 물림, 오염된 음식/물 또는 곤충 매개체를 통해 전파된다.

한 건강상 위협은 적극적인 환경 개선을 통해서만 해결 가능한 문제이다.

항균제 내성 문제는 원 헬스적 관점 접근이 필요한 사례이다. 항생제는 인간의 질병 치료에도 사용되지만 축산 현장에서 생산성 향상을 위해 과거에 사료첨가제로 많이 사용되었다. 최근에는 국가별로 규제가 실시되어 근절되고 있는 추세이나, 여전히 축산 현장에서 항생제는 각종 소모성 질병을 억제하고 폐사를 막기 위한 필수적 요소이다. 하지만 항생제의 남용은 유전자 변이로 인한 슈퍼박테리아의 출현을 야기할 수 있고, 특히 강물, 토양 등 환경으로 흘러 들어간 항생제 잔류 물질은 환경 내에서 유전자 변이를 거쳐 항생제 내성 인자를 보유한 세균이 출현하기 쉬운 환경을 만든다.

환경 파괴는 동물의 서식지를 변화시켜 기존에 인간과 드물게 접촉하는 동물이 보유하고 있던 미지의 바이러스를 인간에게 노출시킬 위험성을 증가시킨다. 예를 들어, 호주에서 정책적 개간을 통해 기존에 살고 있던 과일박쥐의 서식지가 변화되면서 과일박쥐에 기생하던 핸드라 바이러스가 마구간의 말에 감염을 일으키고, 근로자가 이 질병으로 사망하는 사례가 있었다. 말레이시아에서도 과일박쥐의 서식지가 변화하면서 니파 바이러스가 유행하여 돼지와 사람에게 감염을 일으켜 많은 감염자가 발생하였다.

광견병 또한 원 헬스적 접근법이 필요하며, 활용되고 있는 대표적인 사례이다. 광견병으로 인해 매년 세계적으로 59,000명이 사망하는데 약 40%가 아시아와 아프리카 지역에 집중된다. 이를 통제하기 위해 국가적 차원에서 광견병 통제 프로그램을 강화하고 있다. 개 백신 프로그램을 확대하고, 환자가 질병에 노출되었을 때 치료제를 손쉽게 구할 수 있도록 하며, 이와 관련하여 백신, 의약품, 및 인적 자본을 효과적으로 공급하는 데 노력을 기울이고 있다.

범부처적인 접근법 필요성이 대두됨에 따라 식량농업기구(FAO), 세계동물보건기구(WOAH, 구 OIE), 세계보건기구(WHO), 광견병 통제를 위한 세계연합(GARC)은 2030년까지 개가 매개하는 광견병으로 인한 인간 사망을 종식시키기 위한 국가 중심의 'Zero by 30'이라는 세계적 전략 계획을 개발하였다. WHO의 최근 신규 지침인 accelerated human vaccination schedules(인간용 가속

백신 스케줄)를 개발하였고 WOAH의 동물용 광견병 진단, 예방 접종 및 방제에 대한 국제 표준을 시행하여 실행 가능성을 높이고 프로그램 전달 체계가 간소화되어 국가가 글로벌 전략 계획을 쉽게 추진할 수 있다.

항생제 내성균, 광견병뿐만 아니라 인플루엔자, 콜레라 및 살모넬라증 또한 원 헬스적 대응이 필요한 질병으로 다양한 포럼이 개최되고 있다.

〈표 1-4〉 국내 원 헬스 주요 타임라인

일자 및 장소(년도)	주요 내용
2003	• 사스(Severe Acute Respiratory Syndrome, SARS)의 유행을 겪은 후 한국 질병관리본부가 출범
2010	• 국내 최초 원 헬스 특별 강연을 통해 인간, 동물, 환경의 관계성에 관한 개념적 이해 시작
2012	• 보건복지부, 농림축산부, 환경부의 관련 기관 및 학계 '원 헬스 포럼' 개최
2014	• 아시아수의과대학협회 13차 회의 후 수의과대학 커리큘럼에 원 헬스 개념을 적용하기 시작
2015	• 원 헬스와 글로벌 보건안보 구상 협력을 위한 글로벌 세미나로 국제적 수준의 정보 공유와 공중보건의 주요 전략으로 원 헬스를 채택
2016. 11. 3.	• '원 헬스 데이'에 학술계, 비영리 조직, 기업체 및 개인들이 참여
2018	• 보건복지부, '사람–동물–환경의 건강은 하나'라는 보건 정책 제시
2019. 4. 26.	• 2019년 제1차 원 헬스(One Health+) 공개토론회(포럼) 개최 • 동물, 식품, 물(환경) 등 감염병 발생 위험 요인을 중심으로, 정부 부처 간 협업 체계 등 논의
2019. 6. 13.	• 질병관리본부와 대한인수공통감염병학회가 서울대에서 원 헬스 차원의 '2019년 제1차 인수공통감염병 정책 포럼' 개최
2019. 11. 13.	• 보건복지부와 질병관리본부, '항생제 내성 공개토론회' 원 헬스 토론의 장 마련
2021. 3. 9.	• 국민생활과학자문단, 제37회 포럼 '코로나19 시대, 반려동물 어떻게 관리해야 하나' 개최. 「반려동물과 코로나19 : 전파 양상과 원 헬스」 등 발표됨

우리가 건강하게 삶을 영위하기 위해서는 인간의 질병뿐만 아니라 동물 및 환경에 대한 이해가 필수적이라는 점에서 원 헬스적 접근법이 세계 곳곳에서 적용되고 있다.

〈표 1-5〉 대표적 인수공통감염병의 유래 동물

유래 동물	대표적 감염병
박쥐	에볼라, 니파 바이러스, 사스, 메르스, 코로나19
설치류	페스트, 한타 바이러스, 라사열, 렙토스피라증
조류	조류 인플루엔자, 앵무병, 서나일 바이러스
돼지	돼지 독감, 니파 바이러스, E형 간염
소	결핵(M. bovis), 탄저병, 브루셀라증, 광우병
개	광견병, 리슈마니아증, 에키노코쿠스증
고양이	톡소플라스마증
영장류	HIV/AIDS, 에볼라, 마르부르크 바이러스

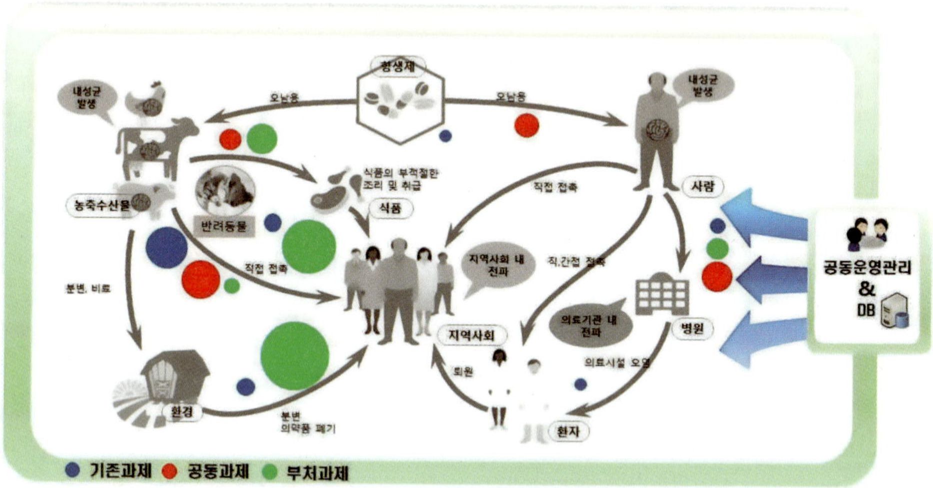

[그림 1-10] 부처 간 연구 개발 공동 연구 구성안

출처: 보도자료-2019년 원 헬스 항생제 내성균 다부처 공동대응사업 연보 창간.

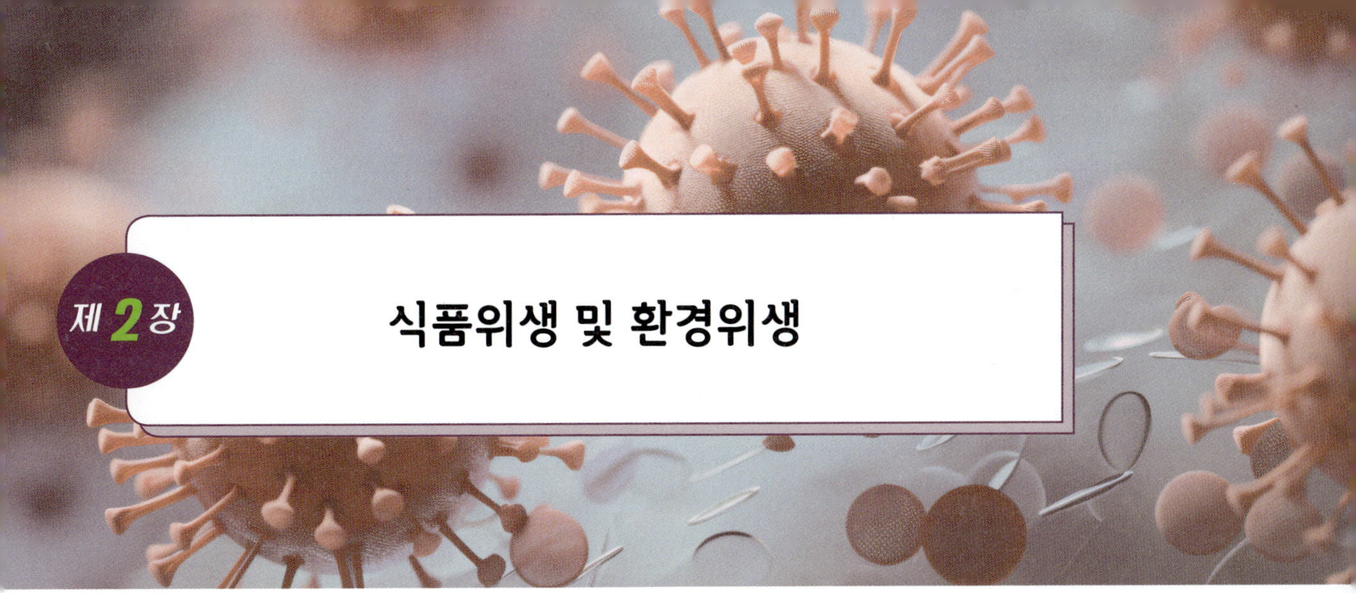

제 2 장 식품위생 및 환경위생

1 식품위생 개념 이해

식품위생은 인류의 건강과 직결되는 매우 중요한 분야이다. 안전하지 않은 식품은 다양한 질병의 원인이 될 수 있으며, 이는 개인의 건강뿐만 아니라 사회 전체의 공중보건에도 심각한 영향을 미친다. 식품매개 질병을 예방하고 소비자의 신뢰를 확보하기 위해서는 식품의 생산, 가공, 유통, 소비에 이르는 전 과정에서 철저한 위생 관리가 필수이다. 특히 동물성 식품은 미생물 오염에 취약하며, 인수공통감염병의 매개체가 될 수 있다는 점에서 더욱 세심한 관리가 요구된다.

1) 식품위생의 정의 및 중요성

(1) 식품위생의 정의

식품위생은 식품의 생산, 제조, 가공, 보존, 유통 및 소비의 전 과정에서 식품의 안전성, 건전성 및 완전무결성을 확보하기 위해 필요한 모든 수단을 의미한다. 이는 식품에 존재하는 오염 물질, 미생물, 화학 물질 등 인체에 유해한 요소를 관리하고, 안전한 식품 공급을 위한 예방 조치를 포함하며, 단순히 유해 물질이 없는 식품을 의미하는 것을 넘어, 식품의 품질과 영양, 그리고 소비자가 정확한 정보를 바탕으로 식품을 선택할 수 있도록 하는 포괄적인 개념이라 할 수 있다.

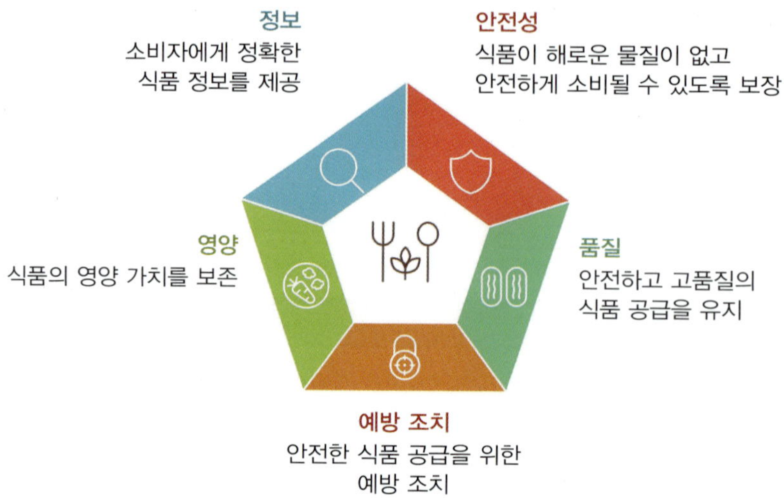

[그림 2-1] 포괄적인 식품위생의 핵심 요소

(2) 식품위생의 중요성

식품위생은 인체 건강과 직결되는 문제이므로 그 중요성이 매우 크다. 식품위생 관리가 제대로 이루어지지 않으면 식중독과 같은 급성 질환뿐만 아니라 각종 식품매개감염병과 만성 질환의 발생 위험이 증가한다. 전 세계적으로 매년 수많은 사람들이 안전하지 않은 식품으로 인해 질병에 걸리고 있으며, 심각한 경우에는 사망에 이를 수 있다. 특히 동물성 식품은 그 특성상 미생물 오염에 더 취약하므로 철저한 위생 관리가 더욱 중요하다. 또한 식품위생 관리는 소비자 신뢰 확보에도 중요한 역할을 한다. 소비자는 안전하고 위생적인 식품을 기대하며, 식품을 생산이나 가공하는 기업과 정부는 체계적인 위생 관리를 통해 이러한 기대를 충족시켜야 한다. 식품위생 문제가 발생하면 소비자 신뢰도가 크게 하락하며, 이는 식품 산업 전반에 부정적 영향을 미칠 수 있다. 따라서 식품위생은 국민 건강 보호, 식품 산업 발전, 소비자 신뢰 확보라는 다각적인 측면에서 매우 중요한 가치가 있다.

〈표 2-1〉 식품위생의 중요성

- 식중독 및 각종 식품매개감염병의 예방
- 국민 건강 증진
- 소비자 신뢰 확보

2) 식품위생의 목표

(1) 질병 예방

식중독 및 식품매개감염병 등 식품과 관련된 질환의 발생을 최소화하여 국민 보건을 향상시키는 것이다. 질병 예방을 위해 식품의 생산, 가공, 유통, 조리 과정에서 발생할 수 있는 모든 위해 요소를 사전에 차단하고 관리해야 한다.

(2) 식품 품질 유지 및 향상

식품의 신선도, 영양가, 맛, 향 등을 유지 및 향상시켜 소비자의 만족도를 높이고, 안전한 식품 공급을 보장하는 것이다. 위생적인 관리를 통해 식품의 변질과 부패를 막아 품질 저하를 예방하고, 식품 본래의 가치를 보존하는 데 기여할 수 있다.

(3) 식품 산업 발전

위생적인 식품 생산과 유통을 통해 식품 산업 전반의 발전을 촉진하며, 경쟁력을 강화하는 것이다. 안전하고 품질 좋은 식품을 생산하는 기업은 소비자로부터 높은 신뢰를 얻을 수 있으며, 이는 산업 전체의 성장으로 이어질 수 있다.

(4) 소비자 신뢰 확보

체계적이고 지속적인 위생 관리 및 교육을 통해 소비자가 안전한 식품을 선택할 수 있도록 돕는 것이다. 정부와 식품 기업은 투명한 정보 공개와 적극적인 소통을 통해 소비자의 알 권리를 보장하고, 식품 안전에 대한 신뢰를 구축해야 한다.

3) 식품위생 관련 법규 및 정책 기관

대한민국의 식품위생은 다양한 법규와 정책에 의해 규제되고 관리된다.

(1) 식품위생법

식품위생에 관한 기본적인 사항을 규정하며, 식품으로 인한 위해를 예방하고 국민 보건을 증진시키기 위한 법적 근거를 제공한다. 이 법은 식품의 제조, 가공, 사용, 보존, 유통 등 전반에 걸쳐 위생 기준을 설정하고 있으며, 식품첨가물, 기구 및 용기·포장 등에 대한 규정도 포함한다. 「식품위생법」은 한국 식품위생 관리의 핵심 법률이며, 식품 산업 종사자와 소비자 모두에게 중요한 기준을 제시한다.

(2) 축산물 위생관리법

축산물의 위생적 처리와 관리를 통해 안전한 동물성 식품의 공급을 보장하고 국민 건강에 기여한다. 이 법은 가축의 사육, 도축, 가공, 유통 단계별 위생 관리 기준을 상세하게 규정하고 있으며, 축산물 검사 및 품질 관리 등에 관한 사항도 포함한다. 특히 동물성 식품은 미생물 오염 위험이 높기 때문에, 「축산물 위생관리법」은 안전한 동물성 식품 공급을 위한 특별한 법적 장치라 할 수 있다.

(3) 수의사법

수의사의 기능과 수의 업무에 관하여 필요한 사항을 규정함으로써 동물의 건강 및 복지 증진, 축산업의 발전과 공중위생의 향상에 기여한다. 또한「수의사법」에서는 동물보건사의 정의, 자격 요건, 업무 범위 등을 명시하여 동물보건사의 역할을 법적으로 규정하고 있다. 이는 동물보건사가 동물 건강 관리뿐만 아니라 공중보건에도 중요한 역할을 수행함을 의미한다.

(4) 식품의약품안전처(Ministry of Food and Drug Safety, MFDS)

식품위생 관련 정책의 수립 및 집행, 식품 안전 관리 등을 담당하며, 국민에게 안전한 식품 환경을 제공하기 위한 중추적 역할을 수행하는 중앙행정기관이다. 식품의약품안전처는「식품위생법」및 관련 법규에 따라 식품의 기준 및 규격을 설정하고, 식품 사업자에 대한 지도·감독, 식품위생 교육·홍보, 식품 안전 관련 조사·연구 등을 수행한다. 최근에는 수입 식품 안전 관리를 강화하기 위해 수입 위생 평가 제도를 동물성 식품까지 확대하는 등 적극적인 정책 변화를 추진하고 있다.

[그림 2-2] 대한민국 식품위생 관리 체계

이러한 법규와 정책기관들은 식품 안전이라는 공동의 목표를 달성하기 위하여 유기적이고 상호적으로 연계되어 있다.「식품위생법」을 기본으로 하여「축산물 위생관리법」은 동물성 식품의 안전성을 특별히 강조하며, 「수의사법」은 식품위생 관리 시스템의 효율성을 높이는 데 기여한다. '식품의약품안전처'는 이러한 법규들을 바탕으로 실제적 정책을 수립하고 집행하여 국민의 식품위생을 책임진다.

2 식품과 미생물

1) 미생물의 종류 및 특성

(1) 세균

단세포 생물로, 다양한 환경에서 서식하며 특정 조건에서 빠르게 증식하여 식중독을 일으킬 수 있다. 예를 들어, 살모넬라(*Salmonella* Spp.)는 동물과 사람의 장내에 서식하며 오염된 육류나 달걀 등을 통해 감염을 일으킨다. 대장균 중 일부는 독소를 생성하여 설사, 복통 등의 증상을 유발할 수 있다. 황색포도상구균(*Staphylococcus aureus*)은 열에 강한 독소를 생성하여 구토와 설사 등을 일으키며, 클로스트리디움 퍼프린젠스(*Clostridium perfringens*)는 산소가 없는 환경에서 잘 자라며 대량의 살아있는 균을 섭취했을 때 식중독을 유발한다. 리스테리아 모노사이토제네스(*Listeria monocytogenes*)는 저온에서도 생존 및 증식이 가능하여 냉장 보관된 식품에서도 위험할 수 있다. 세균은 포자를 형성하거나 독소를 생성하는 등 다양한 생존 전략을 가지고 있어 식품위생 관리에 특별한 주의가 필요하다.

(2) 바이러스

살아있는 숙주 세포 내에서만 증식하는 특성을 가지며, 노로 바이러스(norovirus)나 로타 바이러스(rotavirus)와 같이 오염된 음식이나 물을 통해 사람에게 감염되어 식중독을 유발할 수 있다. 노로 바이러스는 구토, 설사, 복통 등을 특징으로 하는 위장염의 흔한 원인균이며, 숙주 밖에서도 비교적 안정적이며 산에 강한 특징이 있다. 바이러스는 식품 자체에서는 증식할 수 없으나 오염된 식품을 섭취한 사람이나 동물로부터 감염될 수 있으므로 개인이나 개별 동물 위생 관리가 매우 중요하다.

(3) 곰팡이

진균류로 주로 다세포이다. 식품의 표면에서 균사 형태의 집락을 형성하며 성장한다. 식품을 적절히 관리하지 않을 경우 생기는 곰팡이는 식품의 부패 및 곰팡이독소 생성의 원인이 자칫 심각한 위해를 초래할 수 있다. 곰팡이는 비교적 낮은 수분활성도 및 넓은 pH 범위에서 생존할 수 있으므로 곡류, 견과류, 말린 과일 등에서도 잘 자란다. 곰팡이는 산소가 필요하므로 식품 표면에서 잘 자란다. 일부 곰팡이는 아플라톡신과 같은 독성 물질을 생성하여 인체에 장기적으로 해를 끼칠 수 있다.

(4) 효모

단세포 진균류로, 발효 식품 제조에 이용되나 과도한 증식 시 식품 변질의 원인이 될 수 있다. 효모는 산소 유무에 관계없이 생존 및 증식이 가능하며, 당이나 염분 함량이 높은 식품에서 잘 자란다. 발효 과정에서는 유익한 역할을 하지만, 의도치 않은 효모의 증식은 식품의 맛, 향, 조직감을 변화시켜 품질을 저하시킬 수 있다. 효모는 세균이나 곰팡이에 비해 비교적 빠른 속도로 증식할 수 있으며, 공기를 통해 쉽게 전파될 수 있다.

(5) 기생충

살아있는 숙주에 의존하여 생활하는 생물로, 식품을 통해 인체에 감염될 수 있다. 어류를 통해 전파되는 간흡충과 같은 기생충이 있으며, 동물과의 직접 접촉이나 오염된 식품을 통해 감염될 수 있는 톡소포자충과 같은 기생충도 있다.

기생충은 식품 또는 물을 통해 인체 내로 유입되어 다양한 질병을 유발할 수 있으며, 일부 기생충은 심각한 건강 문제를 일으키기도 한다.

(6) 프리온(prion)

단백질로 구성된 감염성 물질로, 신경퇴행성 질환과 관련이 있다. 소의 해면상뇌증(광우병)과 인간의 변종 크로이츠펠트-야콥병(vCJD)이 대표적인 프리온 질환이다. 프리온은 뇌 조직과 같은 특정 위험 물질을 함유한 육류 제품을 섭취함으로써 사람에게 전파될 가능성이 가장 높다. 프리온은 일반적인 살균 및 소독 방법으로는 제거하기 어렵기 때문에 특별한 주의가 필요하다.

〈표 2-2〉 미생물 종류별 주요 특징 비교

분류	세포 구조	크기	주요 특징	번식 방법	대표적인 예시
세균	원핵세포, 단세포	약 0.5～5㎛	DNA와 단백질 합성 독자 수행, 다양한 대사능력, 항생제 저항성 주의	이분법, 일부 내생포자 형성	대장균, 황색포도상구균, 유산균
진균	진핵세포, 단세포(효모) 또는 다세포(곰팡이)	약 2～10㎛	사상균(hyphae) 형태로 집락 형성, 수분 · pH 적응성 높음	효모 : 출아법, 이분법, 유성생식(포자) 곰팡이 : 무성 및 유성생식(포자)	효모, 누룩곰팡이, 푸른곰팡이
바이러스	비세포성	약 20～300nm	유전 물질(DNA 또는 RNA)과 단백질 껍질	숙주 세포 내에서만 복제	인플루엔자 바이러스, 노로 바이러스
프리온	비세포성	약 5～10nm	단백질로만 이루어진 감염성 입자(DNA, RNA 없음)	정상 단백질의 구조를 변형시켜 자신과 같은 형태로 만들어 증식	광우병(소해면상뇌증), 크로이츠펠트-야콥병(CJD), 양의 스크래피(scrapie)

출처: https://old-ib.bioninja.com.au/standard-level/topic-6-human-physiology/63-defence-against-infectio/pathogens.html

〈표 2-3〉 미생물의 종류 및 형태

세포성			비세포성	
기생충	세균	진균(곰팡이)	바이러스	프리온
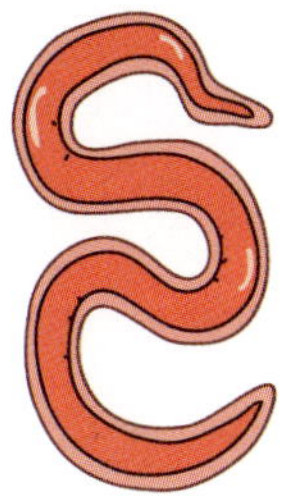	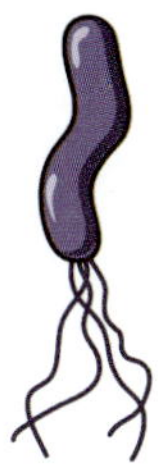	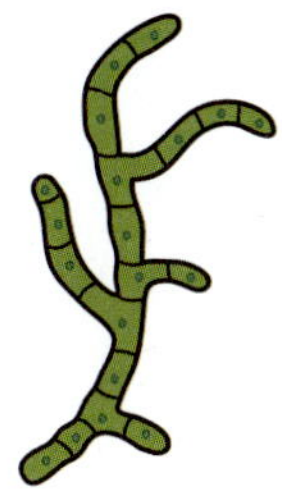	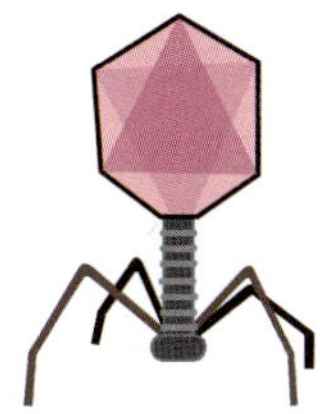	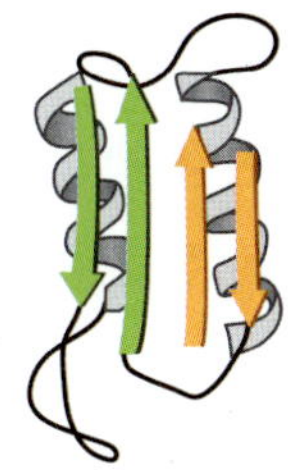

2) 식품과 미생물의 관계

식품과 미생물은 다양한 방식으로 상호 작용하며, 그 작용 방식은 아래와 같다.

(1) 부패 및 변질

미생물은 식품을 영양원으로 이용하여 증식하면서 식품의 화학적 성분을 변화시킨다. 이러한 변화는 식품의 색, 냄새, 맛, 질감 등을 악화시켜 식품을 부패시키고 변질시킨다. 세균, 곰팡이, 효모 등 다양한 미생물이 식품 부패의 원인이 될 수 있으며, 이는 식품의 품질을 저하시키고 소비자에게 위해를 줄 수 있다. 식품의 pH, 수분활성도, 영양 성분, 보관 온도 등은 미생물 증식에 영향을 미치는 중요한 요인이다.

(2) 식중독

오염된 식품을 섭취했을 때 미생물 또는 미생물이 생산한 독소로 인해 발생하는 질병을 식중독이라 한다. 식중독은 구토, 설사, 복통, 발열 등 다양한 증상을 유발하며, 면역력이 약한 노약자나 어린이는 특히 위험할 수 있다. 식중독을 일으키는 주요 원인 미생물로는 살모넬라, 대장균, 황색포도상구균, 노로 바이러스 등이 있다.

(3) 발효

유익한 미생물을 이용하여 식품의 맛, 향, 영양을 개선하는 발효 공정은 전통 식품(막걸리, 된장 등) 및 현대 식품 제조에 중요한 역할을 한다. 예를 들어, 젖산균은 우유를 발효시켜 요구르트나 치즈를 만들고, 효모는 곡물을 발효시켜 술이나 빵을 만드는 데 사용된다. 발효는 식품의 저장성을 높일 뿐만 아니라 소화를 돕고, 독특한 풍미를 부여하는 등 다양한 이점을 제공한다.

3) 미생물 제어 방법

(1) 온도 관리

저온(냉장, 냉동) 환경은 대부분의 미생물 증식을 억제하며, 고온(가열, 살균)은 미생물을 사멸시킨다. 특히 4~60℃ 사이의 온도는 식품위생에서 '위험 온도 구간'이라 불리는데, 이 온도 범위에서 세균이 가장 빠르게 증식하므로 식품이 위험 온도 구간에 머무는 시간을 최소화하는 것이 매우 중요하다.

(2) 수분 관리

수분활성도(Water Activity, *aw*)는 식품 내에서 미생물이 생장하고 증식할 수 있도록 이용 가능한 자유수의 정도를 나타내는 값이다. 즉, 식품 내에서 음식 분자와 결합하지 않고 자유롭게 존재하는 수분을 의미한다. 수분활성도를 낮추면 미생물의 생존과 증식에 필수적인 수분이 제한되어 미생물의 번식을 억제할 수 있다. 수분활성도를 낮추기 위한 방법으로는 건조, 탈수, 염장, 설탕 첨가 등이 있다. 대부분의 세균은 0.91 이상의 수분활성도(*aw*)에서 증식하지만, 곰팡이와 효모는 이보다 낮은 수분활성도에서도 생존과 증식이 가능하다.

〈표 2-4〉 다양한 미생물 군집들의 최소 수분활성도(aw)

대부분의 그람 음성 세균	1.00～0.95
대부분의 그람 양성 세균	0.95～0.91
대부분의 효모	0.91～0.87
대부분의 사상균(곰팡이)	0.87～0.80
호염성 세균	0.80～0.75
내건성(xerophilic) 곰팡이	0.75～0.65
내삼투성(osmophilic) 효모	0.65～0.60

출처: https://www.tms-lab.com/control-water-activity-prevent-microbial-growth/

(3) pH 조절

식품의 산도(pH)를 조절하면 미생물의 생장과 증식에 불리한 환경을 만들 수 있다. 대부분의 병원성 미생물은 pH 4.6 이하의 산성 환경에서는 잘 증식하지 못한다. 식품의 pH를 낮추기 위해 식초 첨가, 발효 등의 방법이 주로 사용된다.

(4) 살균과 소독

식품 또는 식품 접촉 표면의 미생물을 제거하기 위해 열처리나 화학적 소독과 같은 다양한 방법이 사용된다. 살균은 모든 살아 있는 미생물과 포자까지 완전히 사멸시키는 과정을 의미하며, 소독은 주로 무생물 표면에 존재하는 병원성 미생물을 사멸시키거나 그 수를 크게 감소시키는 것을 의미한다. 따라서 식품위생 관리를 위해서는 식품 접촉 표면에 대한 철저한 세척과 적절한 소독이 필수이다.

(5) 방사선 조사

방사선 조사는 감마선이나 X선과 같은 전리 방사선을 이용해 식품 내 미생물을 효과적으로 사멸시키는 방법이다. 이 방법은 열을 사용하지 않고도 미생물을 제거할 수 있으며, 식품의 영양가 손실이 적고 방사능이 잔류하지 않아 안전하다. 과일, 채소, 육류, 향신료 등 다양한 식품에 적용할 수 있다.

4) 동물성 식품과 미생물

동물성 식품은 높은 단백질과 수분 함량으로 인해 미생물 증식에 매우 적합한 환경을 제공한다. 따라서 동물성 식품의 안전 관리는 식품위생에서 특히 중요한 부분을 차지한다.

동물성 식품에서 주요 식중독 원인균으로 작용할 수 있는 위험 미생물에는 살모넬라(*Salmonella*), 대장균(*Escherichia coli*), 황색포도상구균(*Staphylococcus aureus*), 캠필로박터(*Campylobacter*), 리스테리아(*Listeria*) 등이 있다. 이러한 미생물은 가축의 장내 또는 피부 등에 존재하며, 도축, 가공, 유통 과정에서 식품을 오염시킬 수 있다. 예를 들어, 살모넬라는 가금류와 달걀, 육류에서 흔히 발견되며, 대장균은 소와 돼지 등의 장내에 서식하다가 도축 과정에서 식품을 오염시킬 수 있다. 황색포도상구균은 사람의 피부나 코점막에 존재하며 식품 취급자의 손을 통해 식품으로 옮겨갈 수 있다.

따라서 동물성 식품은 생산 단계부터 가공 및 유통까지 철저한 위생 관리가 필요하며, 이를 통해 식중독 발생 위험을 크게 낮출 수 있다. 농장 단계에서는 가축의 건강 관리와 위생적인 사육 환경 유지가 중요하고, 도축 및 가공 단계에서는 시설 위생 관리, 작업자의 위생 관리, 적절한 온도 관리가 필수적이다. 유통 단계에서는 냉장 또는 냉동 보관을 철저히 하고, 유통 기한을 준수해야 한다. 특히 HACCP(해썹, 식품안전관리인증기준)은 동물성 식품을 포함한 모든 식품의 안전성을 확보하기 위한 효과적인 사전 예방 관리 시스템으로 널리 활용되고 있다.

〈표 2-5〉 주요 동물성 식품매개 병원체

병원체 이름	미생물 유형	주요 동물성 식품 출처	일반적인 감염 증상	주요 예방 전략
살모넬라 (*Salmonella*)	세균	가금류, 달걀, 돼지고기, 쇠고기, 우유, 유제품	설사, 발열, 복통, 오심, 구토	충분히 익혀 섭취, 교차 오염 방지
병원성 대장균(O157:H7) (*Pathogenic Escherichia coli*)	세균	쇠고기(특히 분쇄육), 생우유, 오염된 채소	심한 복통, 설사(혈변 가능)	충분히 익혀 섭취, 위생적인 조리
황색포도상구균 (*Staphylococcus aureus*)	세균	조리된 육류, 가금류, 달걀 제품, 유제품	구토, 설사, 복통(주로 독소형)	위생적인 식품 취급, 적절한 온도 관리
캠필로박터 (*Campylobacter*)	세균	닭고기, 생우유	설사, 복통, 발열	충분히 익혀 섭취, 교차 오염 방지
리스테리아 모노사이토제네스 (*Listeria monocytogenes*)	세균	저온 살균하지 않은 유제품, 델리 미트, 핫도그	발열, 근육통, 임산부의 경우 유산 또는 사산	고위험군 식품 섭취 주의, 냉장 보관 철저
노로 바이러스 (Norovirus)	바이러스	오염된 조개류, 샐러드, 냉동 과일	구토, 설사, 복통	철저한 개인위생, 익혀서 섭취

5) 식품위생 관리

(1) 식품위생 관리의 기본 원칙

안전한 식품을 공급하고 식품매개 질병을 예방하기 위해서는 다음과 같은 식품위생 관리의 기본 원칙을 철저히 준수해야 한다.

① 개인위생 관리

식품을 취급하는 모든 작업자는 손 씻기, 위생복·위생모·마스크 착용 등 개인위생을 철저히 관리해야 한다. 특히 손 씻기는 음식 준비 전후, 화장실 이용 후, 기침이나 재채기 후 등 오염 가능성이 있는 경우 올바른 방법으로 시행해야 한다. 또한 깨끗한 위생복을 착용하고, 머리카락이 음식에 떨어지지 않도록 위생모를 착용하는 것이 중요하다.

② 작업장 위생 관리

식품을 제조, 가공, 조리하는 작업장은 항상 청결하게 유지하며, 정기적으로 소독을 해야 한다. 바닥, 벽, 천장, 작업대, 설비 등 모든 표면을 깨끗이 청소하고, 적절한 소독제를 사용하여 미생물 오염을 방지해야 한다. 또한 해충 방제 작업을 정기적으로 실시하여 해충에 의한 식품 오염을 예방해야 한다. 세척과 소독은 서로 다른 개념으로, 세척은 눈에 보이는 오염물을 제거하는 것이며, 소독은 미생물 수를 안전한 수준으로 감소시키는 것이다. 따라서 효과적인 위생 관리를 위해서는 반드시 세척 후 소독을 시행해야 한다.

③ 식품 취급 관리

교차 오염을 방지하기 위해 작업 도구, 기기 및 식재료의 위생 상태를 철저히 점검하고 관리해야 한다. 날것과 조리된 식품은 반드시 분리하여 취급하고, 동일한 작업 도구를 사용해야 하는 경우에는 세척 및 소독 후 사용해야 한다. 식재료 입고 시에는 신선도와 위생 상태를 확인하고, 적절한 방법으로 보관해야 한다. 장비의 정기적인 세척과 유지 보수는 식품 오염 예방에 필수적이다.

④ 보관 및 유통 관리

식품의 안전성과 품질을 유지하기 위해 적정 온도와 습도를 유지하고, 유통기한을 철저히 준수해야 한다. 냉장이 필요한 식품은 4℃ 이하, 냉동 보관이 필요한 식품은 -18℃ 이하에서 보관해야 한다. 냉장고와 냉동고 온도는 정기적으로 확인하고 기록하여 관리하는 것이 중요하다. 유통 과정 중에도 적절한 온도를 유지하고, 포장 상태를 수시로 점검하여 외부 오염을 방지해야 한다. 식품의 적절한 보관 관리는 신선도를 유지하고 식품매개 질병을 예방하는 데 매우 중요하다.

식품위생 관리 기본 원칙은 동물병원 내의 동물보건사 업무의 원칙과 연관이 있다. <표 2-6>에 이에 대한 예시를 설명하였다.

〈표 2-6〉 식품위생 관리 기본 원칙과 동물보건사의 관련성

기본 원칙	주요 내용	동물보건사의 관련성(구체적인 예시)
개인위생 관리	손 씻기, 위생복 착용, 건강 관리	동물병원 내 동물성 사료 취급 시 개인위생 철저, 인수공통감염병 예방을 위한 개인 보호 장비 착용
작업장 위생 관리	청소, 소독, 해충 방제	동물병원 내 사료 보관 공간 및 급여 시설 청결 유지 및 소독, 실험동물 사육 시설 위생 관리
식품 취급 관리	교차 오염 방지, 위생적인 도구 사용	동물병원 내 진료 도구 및 공간의 위생적인 관리, 동물 검체 취급 시 오염 방지, 동물의 사료 취급 관리
보관 및 유통 관리	적정 온도 및 습도 유지, 유통 기한 준수	동물병원 내 동물용 의약품 및 사료의 적절한 보관 및 관리, 유통 기한 확인

(2) 식품위생 교육 및 훈련

식품위생의 효과적인 관리를 위해서는 정기적이고 체계적인 교육 및 훈련이 필수이다. 모든 직원이 위생 관리의 중요성을 이해하고 실천할 수 있도록 다음과 같은 교육을 실시해야 한다.

① 법규 및 기준 교육

식품위생과 관련된 법규, 기준 및 최신 정책에 대한 교육을 주기적으로 실시하여 현장 직원들의 인식을 높이고 규정을 정확히 준수할 수 있도록 한다. 이를 통해 식품 안전 사고를 예방하고 관리 수준을 지속적으로 향상시킬 수 있다.

② 기술 및 실무 교육

식품위생 관리 기술, HACCP 시스템의 운영 및 관리 방법, 미생물 오염 예방 기술 등 현장에서 즉시 활용 가능한 실무 중심의 기술 교육을 정기적으로 제공한다. 특히 새로운 기술이나 설비 도입 시 이를 효과적으로 활용할 수 있도록 관련 교육을 추가로 실시한다.

③ 위생 의식 고취 및 참여 유도

지속적인 위생 교육과 캠페인을 통해 식품위생 관리의 중요성을 인식시키고, 모든 직원이 자발적이고 적극적으로 참여할 수 있도록 유도한다. 개인위생 실

천, 위생 수칙 준수, 교차 오염 예방 등 기본적인 위생 원칙을 지속적으로 강조하며, 위생 관리 우수 사례를 공유하여 직원들의 참여와 책임감을 높인다.

④ 성과 평가 및 피드백

교육 후 직원들의 식품위생 관리 수행 능력과 성과를 주기적으로 평가하고, 미흡한 부분은 피드백과 추가 교육을 제공하여 관리 능력을 향상시킨다. 이를 통해 전 직원의 지속적인 위생 관리 역량 강화와 책임 의식을 높일 수 있다.

(3) 식품위생 감사 및 평가

정기적인 감사와 평가는 식품위생 관리의 효과성을 점검하고 개선이 필요한 부분을 발견하여 지속적으로 관리 수준을 향상시키는 데 매우 중요하다.

① 정기적 위생 감사

내부 담당자 및 외부 전문가를 통한 정기적인 식품위생 감사를 실시하여 위생 관리의 문제점을 사전에 파악하고 신속하게 개선할 수 있도록 한다. 감사 결과는 문서화하여 추적 관리하고, 발견된 문제점에 대해서는 즉각적인 시정 조치를 취한다.

② 평가 체계 구축

식품위생 관리 시스템(HACCP 등)의 적정성 및 효율성을 주기적으로 평가하고, 평가 과정에서 수집한 피드백과 개선 사항을 적극 반영하여 시스템을 지속적으로 보완하고 개선한다. 평가 결과는 전 직원과 공유하여 위생 관리의 투명성을 확보한다.

③ 사고 대응 및 예방 관리

식품위생과 관련된 사고가 발생할 경우, 즉시 사고 원인을 철저히 조사하여 정확히 규명하고, 이를 기반으로 재발 방지를 위한 구체적이고 실질적인 대책을 수립하여 시행한다. 또한 사고 발생 시 대응 절차와 보고 체계를 명확히 정립하고, 정기적인 사고 대응 훈련을 통해 비상 상황 대비 능력을 강화한다.

동물보건사와 식품위생의 관계

동물보건사도 동물보건의료인으로서 식품위생 관련 최신 정보 습득과 정기적인 교육 및 연구를 통해 동물보건사의 공중보건학적 전문성을 지속적으로 강화하고 현장에서의 위생 관리를 실천해야 한다. 이를 통해 인수공통감염병 예방과 안전한 식품 및 사료 공급과 관리의 모니터링이 가능하다.

3 식중독

1) 식중독의 분류

식중독은 사람과 동물 모두에서 다양한 원인에 의해 발생하며, 크게 미생물, 화학 물질(자연 독소, 인공 화합물)에 의한 것으로 구분할 수 있다. 미생물에 의해 발생되는 식중독에는 세균성과 바이러스성이 있는데, 세균성 식중독이 가장 흔한 형태이다. 식품위생 관리를 위해 각각의 원인을 정확히 이해하고 파악하는 것이 필수적이다.

(1) 미생물에 의한 식중독

미생물 식중독은 세균, 바이러스, 원충 등 병원성 미생물에 의해 발생한다. 이는 가장 일반적인 식중독 형태로, 오염된 음식이나 음료, 물 등을 통해 사람이나 동물이 병원체에 노출될 때 발생한다. 주요 병원체로는 살모넬라, 대장균, 노로 바이러스, 황색포도상구균, 캠필로박터, 리스테리아 등이 있다. 예를 들어, 살모넬라는 육류, 가금류, 달걀에서 자주 발견되며, 대장균은 소나 돼지 등의 장내에서 유래하여 오염될 수 있다. 동물의 경우 미생물에 오염된 사료나 식수를 통해 식중독이 발생할 수 있으며, 농장 단계에서 사료 관리와 위생적인 환경 유지가 특히 중요하다.

(2) 화학 물질에 의한 식중독

① 자연 독소에 의한 식중독

자연 독소 식중독은 식물이나 동물성 식품에 자연적으로 존재하는 독소로 인해 발생한다. 식물성 독소로는 감자의 솔라닌, 독버섯의 무스카린 등이 있으며, 동물성 독소로는 복어독(테트로도톡신), 조개류의 패류독 등이 대표적이다. 이러한 독소는 부적절한 조리나 잘못된 보관, 부주의한 섭취로 인해 발생할 수 있으며, 동물 역시 독성 식물의 섭취나 환경적 요인에 의한 독소 노출로 피해를 볼 수 있다.

② 인공 화합물에 의한 식중독

인공 화합물 식중독은 식품에 유해한 화학 물질이 오염되거나 부적절하게 첨가되어 발생한다. 의도적으로 첨가된 식품첨가물의 오용, 비의도적인 잔류 농약, 중금속, 조리 도구나 포장재에서 유래된 화학 물질 등이 원인이 될 수 있다. 식품의 가공이나 보관 중에 생성되는 아크릴아마이드와 같은 유해 물질 역시 화학적 식중독의 원인이 될 수 있다. 동물의 경우 오염된 사료나 음용수가 식중독의 주요 원인이 될 수 있다. 따라서 사료의 품질 관리 및 위생적 사육 환경을 통해 오염 위험을 줄이고, 농장부터 도축, 가공, 유통에 이르기까지 전 과정에서 철저한 위생 관리를 수행해야 한다.

〈표 2-7〉 식중독의 분류

대분류	중분류	소분류	원인균 및 물질
미생물	세균성	독소형	황색포도상구균, 클로스트리디움 보툴리늄, 클로스트리디움 퍼프린젠스, 바실러스 세레우스 등
		감염형	살모넬라, 장염비브리오균, 병원성 대장균, 캠필로박터, 여시니아, 리스테리아 모노사이토제네스
	바이러스성	공기, 접촉, 물 등의 경로로 전염	노로 바이러스, 로타 바이러스, 아스트로 바이러스, 장관아데노 바이러스, 간염 A 바이러스, 간염 E 바이러스 등

대분류	중분류	소분류	원인균 및 물질
화학 물질	자연 독소	동물성 자연독에 의한 중독	복어독, 시가테라독
		식물성 자연독에 의한 중독	감자독, 버섯독
		곰팡이 독소에 의한 중독	황변미독, 맥각독, 아플라톡신 등
	인공 화합물	고의 또는 오용으로 첨가되는 유해 물질	식품첨가물
		본의 아니게 잔류·혼입되는 유해 물질	잔류농약, 유해성 금속화합물
		제조·가공·저장 중에 생성되는 유해 물질	지질의 산화 생성물, 니트로소아민
		기타 물질에 의한 중독	메탄올 등
		조리 기구·포장에 의한 중독	녹청(구리), 납, 비소 등

출처: 질병관리청 국가건강정보포털(https://health.kdca.go.kr/healthinfo/biz/health/gnrlzHealthInfo/gnrlzHealthInfo/gnrlzHealthInfoView.do?cntnts_sn=5239)

2) 식중독의 각 원인균과 물질

(1) 미생물성 식중독

① 세균성 식중독

세균성 식중독은 세균이 직접 감염을 일으키거나, 식품 내에서 독소를 생성하여 인체에 해로운 영향을 미치는 경우로 나뉜다.

가. 독소형 식중독

세균이 식품 내에서 독소를 생성하고, 이 독소가 인체에 흡수되어 식중독을 유발하는 형태이다

ㄱ. 황색포도상구균(*Staphylococcus aureus*)

황색포도상구균은 사람과 동물의 피부, 코, 목 등에 존재하는 흔한 세균으로, 특정 조건에서 식품을 오염시켜 열에 안정한 장내독소(enterotoxin)를 생성하고 이로 인해 식중독을 일으킬 수 있다. 식중독은 주로 손이나 조리 도구를 통해 오염된 음식을 섭취함으로써 발생하며, 특히 조리된 식품이 상온에 장시간

방치되었을 때 자주 나타난다. 주요 증상으로는 섭취 1 ~ 6시간 내에 구토, 설사, 복통, 메스꺼움 등이 있으며, 24시간 내에 호전되는 것이 일반적이다. 잠복 시간은 비교적 짧고, 대부분의 환자는 13일 내에 자연적으로 회복된다. 황색포도상구균 식중독 예방을 위해서는 조리 전후로 손을 깨끗이 씻고 조리 시 상처가 있는 손으로 음식을 다루지 않도록 주의해야 한다. 조리된 식품은 가능한 한 빨리 섭취하거나 냉장 보관해야 하며, 식품을 안전한 온도에서 보관해야 한다. 특히 여름철이나 더운 환경에서는 음식물 관리에 더욱 주의해야 한다. 개인위생을 철저히 하고, 식품은 신선하게 선택하고 유통 기한을 확인하는 습관을 들여야 한다. 황색포도상구균 식중독이 발생했을 때는 충분한 수분 섭취로 탈수를 예방하고, 증상이 심하거나 지속될 경우에는 즉시 병원을 방문하여 진료를 받아야 한다. 이 세균이 생성하는 독소는 열에 강해 조리 과정에서 파괴되지 않으므로, 음식 조리 후에도 식중독이 발생할 수 있다는 점을 유념해야 한다.

ㄴ. 클로스트리디움 보툴리눔(*Clostridium botulinum*)

클로스트리디움 보툴리눔은 토양이나 물, 동물의 장내 등에서 자주 발견되는 혐기성 세균으로, 신경독소인 보툴리눔 독소(botulinum toxin)를 생성한다. 독소가 매우 강력하여 소량만으로도 심각한 식중독을 일으킬 수 있다. 식중독은 주로 저산소 상태에서 부적절하게 처리된 통조림이나 병조림 식품에서 발생하며, 가정에서 만든 통조림이나 훈제 식품, 발효 식품에서도 나타날 수 있다. 특히 꿀은 영아 보툴리눔증의 주요 원인 식품으로 알려져 있어 12개월 미만의 영아에게는 절대로 꿀을 섭취시키지 않아야 한다. 독소는 신경계를 마비시키며 식중독 증상으로는 시력 저하, 복시, 언어 장애, 삼킴 곤란, 근육 마비 등이 나타나며, 심한 경우 호흡 마비로 사망에 이를 수도 있다. 잠복 시간은 12 ~ 36시간으로 다양하며, 최소 2시간에서 최대 8일까지 걸릴 수 있다. 적절한 치료를 받으면 회복은 가능하지만, 회복까지 수개월이 걸릴 수 있다. 클로스트리디움 보툴리눔 식중독을 예방하기 위해서는 통조림이나 병조림 식품을 섭취할 때 팽창하거나 변색, 악취가 나는 경우를 피하고, 가정에서 통조림을 만들 때는 철저한 살균 과정을 거쳐야 한다. 또한 식품을 취급하기 전에는 손을 깨끗이 씻는 것이 필수이다. 보툴리눔 독소에 노출되었다고 의심될 때는 즉시 병원을 방문하여 진료를 받아야 하며, 필요한 경우 항독소 치료를 받을 수 있다. 보툴리눔 독소는 열에 약하므로, 식품을 85℃에서 5분 이상 충분히 가열하면 독소를 파괴할 수 있다.

ㄷ. 클로스트리디움 퍼프린젠스(*Clostridium perfringens*)

클로스트리디움 퍼프린젠스, 일명 웰치스균(Welch bacillus)은 자연환경 및 인간과 동물의 장내에서 흔히 발견되는 혐기성 세균이다. 이 균은 산소가 없는 환경에서 잘 성장하며, 특히 대규모 급식 시설이나 식당에서 대량 조리된 음식이 제대로 가열되지 않거나 저온 보관 시 빠르게 냉각되지 않을 경우 증식할 수 있다. 균은 적절한 환경에서 빠르게 번식하여 독소를 생성하며, 이 독소가 식중독을 유발할 수 있다. 주로 육류, 가금류, 국, 소스 등 대량으로 조리된 식품에서 발생하며, 복통, 설사(물설사), 복부 팽만 등의 증상을 유발한다. 구토나 발열은 드물게 나타나며, 잠복기는 약 10시간이다. 증상은 경증이며, 대부분의 환자는 1~2일 내에 자연적으로 회복되지만, 면역력이 약한 사람은 위험할 수 있다. 웰치스균 식중독을 예방하기 위해서는 식품을 충분히 가열(75℃ 이상에서 1분 이상)하고, 조리된 음식은 실온에 오래 방치하지 않으며, 가능한 한 빨리 섭취하거나 냉장 보관해야 한다. 또한 조리 도구와 손을 철저히 관리하는 것이 중요하다. 웰치스균 식중독이 발생했을 경우, 탈수 예방을 위해 충분한 수분을 섭취하고, 증상이 심하거나 지속될 경우에는 병원을 방문하여 진료를 받는 것이 좋다.

ㄹ. 바실러스 세레우스(*Bacillus cereus*)

바실러스 세레우스는 토양, 먼지, 물 등 자연환경에 널리 분포하는 세균으로, 특히 식품을 통해 식중독을 일으킬 수 있다. 이 세균은 구토형과 설사형 두 가지 형태의 독소를 통해 각각 다른 형태의 식중독을 일으킨다. 열에 안정적인 구토형 독소는 주로 구토, 메스꺼움, 복통 등을 유발하며, 잠복 시간은 30분에서 6시간 사이이다. 열에 약한 설사형 독소는 주로 설사, 복통, 복부 팽만을 유발하며, 잠복 시간은 6시간에서 15시간 사이이다. 이러한 증상은 대부분 24시간 내에 호전된다. 바실러스 세레우스 식중독은 주로 쌀, 곡물, 채소, 육류, 유제품과 같이 다양한 식품에서 발생할 수 있으며, 특히 볶음밥이나 튀김, 면류 등 탄수화물이 풍부한 식품에서 발생하기 쉽다. 조리된 식품을 실온에 오래 방치했을 때 발생 위험이 높아진다. 바실러스 세레우스 식중독을 예방하기 위해서는 식품을 충분히 가열하여(75℃ 이상에서 1분 이상) 세균을 사멸시키고, 조리된 식품은 실온에 오래 방치하지 않으며 가능한 한 빨리 섭취하거나 냉장 보관해야 한다. 대량으로 조리된 식품은 소량으로 나누어 보관하고, 재가열 시에는 충분히 가열하는 것이 좋다. 또한 식품을 취급하기 전과 식사 전, 화장실 사용 후에는 반드시 손을 깨끗하게 씻어야 한다.

바실러스 세레우스는 열에 강한 포자를 형성하므로 조리 후에도 식중독을 일으킬 수 있다. 특히 볶음밥 증후군처럼 조리된 음식을 오랜 시간 실온에 방치 후 섭취했을 때, 바실러스 세레우스균이 왕성하게 번식하여 식중독을 일으킬 수 있다. 만약 바실러스 세레우스 식중독이 의심될 때는 즉시 병원을 방문하여 진료를 받아야 하며, 탈수 예방을 위해 충분한 수분을 섭취하는 것이 중요하다.

〈표 2-8〉 독소형 식중독 원인균

세균	설명
황색포도상구균 (*Staphylococcus aureus*)	사람의 피부, 점막, 코 등에 존재하며, 조리 과정에서 음식에 오염될 수 있다. 열에 강한 장독소(enterotoxin)를 생성하여, 섭취 후 1~6시간 내에 심한 구토와 설사를 유발한다.
클로스트리디움 보툴리눔 (*Clostridium botulinum*)	혐기성 세균으로, 통조림, 가공육 등에서 독소를 생성한다. 보툴리눔 독소는 신경계를 마비시켜 심할 경우 호흡 곤란과 사망에 이를 수 있다.
클로스트리디움 퍼프린젠스 (*Clostridium perfringens*)	다른 말로 웰치스균이라 한다. 대량으로 조리된 식품에서 발생하기 쉽다. 조리된 음식을 상온에 오래 두었을 때 증식하여 독소를 생성한다. 섭취 후 6~15시간(평균 10시간) 내에 복통과 설사를 유발하며, 보통 증상이 경미하지만 면역력이 약한 사람에게는 위험할 수 있다.
바실러스 세레우스 (*Bacillus cereus*)	토양, 곡류 등에 존재하며, 두 가지 독소를 생성할 수 있다. 하나는 열에 안정적인 구토형 독소(쌀, 면류에서 주로 발생), 다른 하나는 열에 약한 설사형 독소(육류, 유제품 등에서 발생)이다.

나. 감염형 식중독

세균이 식품을 통해 체내로 들어가 감염을 일으키는 유형이다.

ㄱ. 살모넬라(*Salmonella* spp.)

살모넬라 식중독은 살모넬라균에 오염된 식품을 섭취하면서 발생하는 감염성 질환이다. 이 균은 사람과 동물의 장내에서 서식하고, 오염된 식품이나 물을 통해 인체로 들어올 수 있다. 주로 가금류, 돼지고기, 쇠고기 등의 육류, 달걀과 달걀 가공품, 우유 및 유제품에서 발생하며, 덜 익힌 채소나 과일, 오염된 물, 애완동물(파충류 포함)과의 접촉을 통해서도 감염될 수 있다. 살모넬라 식중독의 주요 증상은 설사, 복통, 발열, 구토, 메스꺼움으로, 잠복 시간은 대략 6~72시간 사이이다. 증상은 보통 4~7일 동안 지속되며, 심한 경우 혈변, 탈수, 패혈증으로 발전할 수 있다. 잠재적으로 질병으로 인한 반응성 관절염, 만성 염증 및 발암 가능성이 있다. 살모넬라균은 열에 약하므로, 식품을 75℃ 이상에서 1분 이상 충분히 가열하는 것이 예방에 도움이 된다. 날고기와 익힌 음식은 분리하여 보관하고 조리하며, 달걀은 냉장 보관 후 완전히 익혀서 섭취해야 한다. 또한 조리 도구와 손을 깨끗이 하는 것이 중요하다. 예방을 위해 신선한 식재료를 사용하고 유통 기한이 지나지 않은 식품을 선택하며, 날음식 섭취는 가능한 한 자제하는 것이 좋다. 살모넬라 식중독이 의심되면 증상이 심하거나 지속될 경우 병원을 방문해 진료를 받아야 한다. 특히 영유아, 노약자, 임산부는 즉시 병원에 가야 한다. 살모넬라 식중독은 대부분 자연적으로 회복되지만, 심한 경우는 항생제 치료가 필요하다. 살모넬라균은 건조한 환경이나 냉장고 안에서도 장기간 생존할 수 있다. 올바른 식품위생 관리와 개인위생 관리를 통해 살모넬라 식중독은 충분히 예방할 수 있다.

ㄴ. 장염비브리오(*Vibrio parahaemolyticus*)

장염비브리오는 따뜻한 바닷물에서 서식하는 세균으로, 특히 여름철 해산물을 통해 식중독을 일으키는 주요 원인균이다. 주로 생선회, 조개, 오징어 등 날로 먹거나 충분히 익히지 않은 해산물을 섭취했을 때 식중독을 유발하며, 오염된 조리 도구를 통해 2차 오염된 식품을 섭취할 경우에도 발생할 수 있다. 주요 증상으로는 심한 복통, 설사, 구토, 발열 등이 있으며, 심한 경우 혈변이 나타날 수도 있다. 이러한 증상은 2~48시간의 잠복기를 거쳐 나타나며, 대부분 며칠 내 자연적으로 회복된다. 그러나 면역력이 약한 사람이 감염 시 패혈증으로 진행될 수 있다. 장염비브리오 식중독 예방을 위해서는 해산물을 신선한 상태에서 구매 후 즉시 냉장 보관하고, 조리 전에 흐르는 물로 깨끗하게 씻어야 한다. 해산물은 85℃ 이상에서 1분 이상 충분히 익혀 섭취해야 하며, 날것과 익힌 해산물을 분리하여 보관하고 조리해야 한다. 해산물을 다룬 조리 도구는 깨끗하게 소독하는 것이 중요하다. 개인위생 관리로 여름철에는 날 해산물 섭취를 자제하는 것이 좋다. 장염비브리오 식중독이 발생했을 때는 탈수 예방을 위해 충분한 수분을 섭취하고, 증상이 심하거나 지속될 경우 병원을 방문하여 진료를 받아야 한다. 특히 노약자나 면역력이 약한 사람은 즉시 병원을 방문해야 한다. 장염비브리오는 염분 농도가 높은 환경에서 잘 자라며, 저온에서는 증식이 억제되지만, 냉동한다고 해서 완전히 사멸되지는 않는다. 따라서 여름철에는 특히 주의를 기울여야 한다.

ㄷ. 병원성 대장균(*Enteropathogenic E. coli*)

병원성 대장균은 사람과 동물의 장내에 존재하며, 특정 독소를 생성해 심각한 식중독을 일으킬 수 있다. 장출혈성 대장균(EHEC) O157:H7은 이 중에서도 가장 심각한 식중독을 유발할 수 있는 대표적인 병원성 대장균이다. 이 균은 주로 덜 익힌 쇠고기, 살균되지 않은 우유, 오염된 채소나 과일, 오염된 물을 통해 감염되며, 사람 간 접촉이나 오염된 물놀이 시설을 통해서도 전파될 수 있다. 병원성 대장균 식중독의 증상으로는 심한 복통, 물설사(혈변을 동반할 수 있음), 구토, 미열 등이 나타나며, 잠복기는 약 2~5일이다. 심각한 경우 용혈성 요독 증후군(Hemolytic Uremic Syndrome, HUS)이나 혈전성 혈소판 감소성 자반증(Thrombotic Thrombocytopenic Purpura, TTP) 같은 합병증을 일으킬 수 있으며, 급성 신부전, 혈소판 감소, 용혈성 빈혈 등을 유발할 수 있다. 예방을 위해

쇠고기는 내부까지 충분히 익혀 먹고, 살균되지 않은 우유나 유제품은 피해야 한다. 채소와 과일은 깨끗하게 씻어 먹어야 하며, 조리 도구와 손도 철저히 관리해야 한다. 설사 증상이 있는 경우에는 식품 조리를 피하고, 안전하게 소독된 물을 마시며, 오염된 물놀이 시설 이용을 피해야 한다. 병원성 대장균 식중독이 의심되면 탈수 예방을 위해 충분한 수분을 섭취하고, 증상이 심해 혈변이 나타나면 즉시 병원을 방문해야 한다. 특히 영유아, 노약자, 임산부는 더욱 조심해야 한다. EHEC O157:H7 균은 소량으로도 감염을 일으킬 수 있으며, 베로톡신(Verotoxin)을 생성하여 심각한 증상을 유발할 수 있으므로 환자와 접촉한 사람은 개인위생을 철저히 해야 한다.

ㄹ. 캠필로박터 제주니(*Campylobacter jejuni*)

캠필로박터 제주니는 전 세계적으로 설사를 일으키는 주요 원인균 중 하나로, 특히 개발도상국에서 자주 발생한다. 캠필로박터 제주니는 선형 또는 S자 모양의 그람 음성 세균으로, 미호기성(산소가 약간 있는 환경에서 잘 자라는 성격) 조건에서 잘 자라며, 42℃에서 최적의 생장을 보인다. 주로 덜 익힌 가금류, 살균되지 않은 우유, 오염된 물을 섭취하거나 감염된 동물과 접촉함으로써 감염된다. 증상으로는 설사(혈변 동반 가능), 복통, 발열, 구토, 두통, 근육통이 나타나며, 잠복기는 2~5일이고, 2~10일간 증상이 지속될 수 있다. 심한 경우 드물지만 길랭-바레 증후군(Guillain-Barré syndrome)과 같은 신경계 합병증을 유발할 수 있다. 예방을 위해 가금류를 충분히 익혀 먹고, 살균되지 않은 우유는 피하며, 조리 도구와 손을 철저히 관리해야 한다. 또한 손을 깨끗이 씻고, 소독된 물을 마시는 것이 안전하다. 대부분의 감염은 자연적으로 회복되지만, 심한 경우에는 항생제 치료가 필요하며, 탈수 예방을 위해 충분한 수분 섭취가 중요하다. 저온에서도 생존할 수 있으므로, 냉장 보관된 식품도 안전하지 않을 수 있다. 특히 영유아, 노약자, 임산부는 감염에 취약하므로 주의해야 한다.

ㅁ. 여시니아 엔테로콜리티카(*Yersinia enterocolitica*)

여시니아 엔테로콜리티카는 막대 모양의 그람 음성 세균으로, 저온에서 잘 자라고 주로 겨울철에 식중독을 일으킨다. 감염의 주요 경로는 덜 익힌 돼지고기, 살균되지 않은 우유 및 유제품, 오염된 물 섭취, 감염된 동물과의 접촉이다. 증상으로는 복통, 설사(혈변 포함), 발열, 구토, 메스꺼움이 나타나며, 잠복기는 4~7일이고, 증상 지속 기간은 13주다. 예방을 위해서 돼지고기를 충분히 익혀 먹고, 살균되지 않은 우유나 유제품을 피하며, 채소와 과일을 깨끗이 씻어 섭취해야 한다. 조리 도구와 손을 깨끗이 관리하고, 식사 전이나 화장실 사용 후 손을 깨끗이 씻는 것도 중요하다. 대부분의 감염은 자연적으로 회복된다. 치료는 캠필로박터균과 동일하다.

ㅂ. 리스테리아 모노사이토제네스(*Listeria monocytogenes*)

리스테리아 모노사이토제네스는 토양, 물, 동물의 장내 등에서 발견되는 그람 양성 세균으로, 저온에서도 잘 자라는 특성을 가지고 있어 냉장 보관된 식품에서도 증식할 수 있다. 주로 냉장 가공식품, 살균되지 않은 우유, 덜 익힌 육류, 오염된 채소나 과일을 통해 식중독을 일으키며, 임산부, 신생아, 노약자 등 면역력이 약한 사람들에게 심각한 감염증을 유발할 수 있다. 증상으로 발열, 근육통, 설사, 심한 경우 혈변이 포함된 복통 등이 나타나며, 잠복기는 12시간에서 3주까지 갈 수 있다. 예방을 위해서는 가공식품의 유통 기한을 확인하고, 적정 냉장 온도를 유지해야 하며, 익히지 않고 섭취하는 식품은 빠른 시간 내에 소비하는 것이 좋다. 또한 육류는 충분히 익혀 섭취하고, 채소와 과일은 깨끗이 씻어야 한다. 조리 도구와 손의 청결을 유지하고, 외출 후나 화장실 사용 후에는 손을 깨끗이 씻는 것이 중요하다.

리스테리아 감염이 의심될 때는 즉시 의료기관을 방문하여 진료를 받아야 한다. 특히 임산부, 신생아, 노약자, 면역력이 약한 사람은 더욱 신속히 병원을 찾아야 한다. 이 세균은 열에 약하므로 충분히 가열하면 사멸되지만, 저온에서도 생존할 수 있으므로 냉장 보관된 식품을 다룰 때는 특히 주의해야 한다.

〈표 2-9〉 주요 감염성 식중독 원인 세균

병원체 이름	주요 감염원	잠복기	일반적인 증상	잠재적 합병증
살모넬라 (*Salmonella* spp.)	가금류, 달걀, 육류, 유제품, 파충류	6~72시간	발열, 복통, 설사(혈변 동반 가능), 메스꺼움, 구토	탈수, 패혈증, 영아 및 노약자 탈수
장염비브리오 (*Vibrio parahaemolyticus*)	날것 또는 덜 익힌 해산물, 어패류, 따뜻한 연안 해수	2~48시간	심한 설사, 복통, 메스꺼움, 구토, 발열	면역 저하자에게 심각한 질병, 중증 탈수, 패혈증, 상처 감염
병원성대장균 (*Enteropathogenic E. coli*, EHEC O157:H7 등)	오염된 육류(특히 간 고기), 생채소, 살균되지 않은 우유, 물	2~5일	심한 혈변 설사, 복통, 미열	용혈성 요독 증후군(HUS), 급성 신부전, 출혈성 감염
캠필로박터 제주니 (*Campylobacter jejuni*)	날것 또는 덜 익힌 가금류, 살균되지 않은 우유, 오염된 물, 감염된 동물	2~10일	설사(혈변 동반 가능), 발열, 복통, 메스꺼움, 구토	과민성 대장 증후군, 반응성 관절염, 길랭-바레 증후군(GBS) 등 신경계 합병증
여시니아 엔테로콜리티카 (*Yersinia enterocolitica*)	돼지고기(날것 또는 덜 익힌), 살균되지 않은 우유, 오염된 물	4~7일	발열, 복통, 설사(혈변 동반 가능), 맹장염 유사 증상	감염 후 관절염, 전신 감염, 결절성 홍반, 맹장염 유사 증상, 철 과부하 환자에게 패혈증, 수혈을 통한 전파
리스테리아 모노사이토제네스 (*Listeria monocytogenes*)	조리된 육류, 연성 치즈, 살균되지 않은 우유, 냉훈 어패류, 생채소	12시간~3주	발열, 근육통, 설사, 심한 경우 목 경직, 두통, 혼란	패혈증, 뇌수막염, 유산, 사산, 조산, 신생아 감염, 능형뇌염

② 바이러스성 식중독

바이러스에 의한 식중독은 주로 감염형 식중독으로, 오염된 음식물이나 물을 섭취할 경우 발생한다.

〈표 2-10〉 주요 바이러스성 식중독 원인체

바이러스	설명
노로 바이러스 (Norovirus)	겨울철에 많이 발생하며, 오염된 음식, 물, 감염자와의 접촉을 통해 전파된다. 감염 후 12~48시간 내에 구토, 설사를 유발하며, 낮은 농도에서도 감염력이 강하다.
로타 바이러스 (Rotavirus)	주로 영유아에게 발생하며, 심한 설사를 유발한다. 감염력이 높고, 위생 관리를 철저히 해야 한다.
아스트로 바이러스 (Astrovirus)	면역력이 약한 사람에게 영향을 미치며, 3~4일의 잠복기 후 경도의 구토, 설사, 복통을 유발한다.
장관아데노 바이러스 (Enteric adenovirus)	잠복기는 8~10일이며, 수인성-식품 매개 경로로 전파된다. 급성 위장염을 유발하며, 영유아에게서 자주 발생한다.
간염 A, E 바이러스 (Hepatitis A, E virus)	오염된 물이나 조개류를 통해 감염되며, 간염을 유발한다. A형의 잠복기는 15~50일, E형은 2~9주이며, A형은 경미하지만, E형은 임산부에게 치명적일 수 있다.

(2) 화학 물질에 의한 식중독

① 자연 독소에 의한 식중독

가. 동물성 식중독

동물에 의해 생성되는 자연 독소이다.

〈표 2-11〉 주요 동물성 자연 독소

독소	설명
복어독 (Tetrodotoxin)	복어의 간, 난소 등에 존재하는 강력한 신경독으로, 섭취 후 마비와 호흡곤란을 유발한다. 잠복기는 10분~2시간이며, 치명률은 30~60%이다.
시가테라독 (Ciguatoxin)	열대 바다 어류(참치, 복어 등)에 존재하며, 잠복기는 수 시간에서 1일 정도이다. 신경계 이상, 근육통, 위장 장애를 일으킨다.

나. 식물성 자연독

식물에서 자연적으로 생성되는 독소이다.

〈표 2-12〉 주요 식물성 자연 독소

독소	설명
감자독(Solanine)	감자의 싹이나 녹색 부분에 존재하며, 두통, 구토, 설사를 유발할 수 있다.
버섯독	독버섯에 존재하며, 무스카린, 아마톡신, 오렐라닌 등의 다양한 종류의 독이 있다. 신경독, 간독성을 유발할 수 있다.

다. 곰팡이 독소

곰팡이가 생성하는 독소로, 식품에서 발견된다.

〈표 2-13〉 주요 곰팡이성 식중독 원인체

독소	설명
황변미독 (Penitrem A 등)	변질된 쌀, 곡물에서 발생하며, 발암성이 있을 수 있다. 중추신경계 독성으로, 떨림과 경련 등을 유발한다.
맥각독 (Ergot alkaloids)	곡물에서 발견되며, 혈관 수축, 환각 등의 증상을 유발할 수 있다.
아플라톡신 (Aflatoxin)	곡류, 견과류 등에 존재하며, 간암을 유발할 수 있는 강력한 발암물질이다.
오크라톡신 A (Ochratoxin A)	주로 식품을 고온 다습한 환경에 보관하는 과정에서 생기며, 신장독성을 가지며 발암성이 있다.

② 인공 화합물에 의한 식중독

식품 가공 과정에서 유입될 수 있는 화학 물질이다.

〈표 2-14〉 주요 인공 화합물 식중독 원인체

물질	설명
중금속 (납(Pb), 수은(Hg), 카드뮴(Cd))	환경, 식품, 수산물에 축적되며 신경 장애, 신장 손상, 암 등을 유발할 수 있다.
지질 산화 생성물	산패된 기름에서 생성되며, 간과 신경에 독성을 유발한다.
농약 잔류물 (유기인계 · 카바메이트계 살충제)	과도하게 잔류할 경우 중추신경계와 호흡기에 독성 영향을 미친다.
조리 도구, 포장재 오염 (비스페놀 A, 프탈레이트 등)	조리기구 및 포장재가 가열되거나 산 · 지방과 접촉하면 플라스틱 성분이 용출되어 내분비계를 교란할 수 있다.

4 식품첨가물 및 안전성

1) 식품첨가물의 정의

국내에서는「식품위생법」제2조 제2호에서 식품첨가물을 "식품을 제조·가공·조리 또는 보존하는 과정에서 감미(甘味), 착색(着色), 표백(漂白) 또는 산화 방지 등을 목적으로 식품에 사용되는 물질"로 정의한다. 또한 이 경우 기구(器具)·용기·포장을 살균·소독하는 데에 사용되어 간접적으로 식품으로 옮아갈 수 있는 물질도 식품첨가물에 포함하는 것으로 범위를 포괄한다. 이는 의도적 첨가 물질과 제조 환경의 간접적 요인 모두를 고려하는 폭넓은 접근 방식이다.

국제적으로 국제식품규격위원회(Codex Alimentarius Commission)는 식품첨가물을 "식품의 일반적인 구성성분이 아니고 그 자체를 식품으로 사용하지 않으며, 영양가와 상관없이 식품의 저장·수송·포장·충전·조제·가공에 기술적인 목적으로 식품에 의도적으로 첨가되는 물질"로 정의한다. 미국 식품의약국(FDA)은 "식품에 첨가되어 식품의 특성을 변화시키거나 보존·가공·조리 과정을 지원하는 모든 물질"을 식품첨가물로 간주한다. 유럽연합(EU)의 규정 역시 "일반적으로 그 자체를 식품으로 사용하지 않으며, 식품의 특징을 결정지어 주는 원료가 아니고 영양가와 상관없이 식품의 제조·가공·준비·처리·포장·운송 또는 저장 시 기술적 목적으로 식품에 의도적으로 첨가되는 물질"로 정의한다. 이처럼 식품첨가물에 대한 정의는 국가와 기관마다 조금씩 다르지만, 사용 목적은 같다.

2) 식품첨가물의 분류 및 사용 목적

국내 식품의약품안전처는 식품첨가물을 사용 목적에 따라 다음과 같이 상세히 분류하고 있다. 이러한 분류는 각각의 첨가물이 가진 기능과 역할을 명확히 이해하고, 이를 안전하게 관리하는 중요한 기준이 된다.

① 감미료: 식품에 단맛을 부여하는 물질로, 아세설팜칼륨(Acesulfame Potassium, Ace-K), 사카린 나트륨, 자일리톨 등이 대표적이다.

② 고결방지제: 식품 입자가 굳어져 뭉치는 것을 방지하며, 이산화규소 등이 사용된다.

③ 거품제거제(소포제): 식품의 거품 생성을 억제하거나 감소시키는 물질로, 규소수지 등이 있다.

④ 껌기초제: 껌의 기본 원료로 사용되며, 로진 등이 있다.

⑤ 밀가루개량제: 밀가루나 반죽의 품질 및 색상을 개선하는 목적으로 염소 등이 사용된다.

⑥ 발색제: 식품의 색을 안정화하거나 유지 및 강화하는 아질산나트륨 등이 있다.

⑦ 보존료: 미생물의 번식을 억제해 보존 기간을 연장하며, 소브산, 안식향산 등이 대표적이다.

⑧ 분사제: 용기에서 식품을 밀어내는 역할을 하는 이산화탄소 등이 있다.

⑨ 산도조절제: 식품의 산성 또는 알칼리성을 조절하는 구연산 등이 있다.

⑩ 산화방지제: 산화로 인한 식품의 품질 저하를 방지하며, BHA, BHT 등이 있다.

⑪ 살균제: 식품 표면의 미생물을 신속하게 제거하는 차아염소산나트륨 등이 사용된다.

⑫ 습윤제: 식품이 건조해지는 것을 방지하는 폴리덱스트로스 등이 있다.

⑬ 안정제: 여러 성분을 일정한 형태로 유지하는 결정셀룰로스 등이 사용된다.

⑭ 여과보조제: 불순물이나 미세 입자를 제거하는 규조토 등이 사용된다.

⑮ 영양강화제: 식품의 영양적 품질을 높이기 위해 첨가하는 비타민 D 등이 있다.

⑯ 유화제: 물과 기름처럼 잘 섞이지 않는 성분을 균일하게 혼합하도록 도와주는 레시틴 등이 사용된다.

⑰ 이형제: 원료가 용기의 표면에 달라붙는 것을 방지하는 유동파라핀 등이

있다.

⑱ 응고제: 식품 성분의 결착이나 응고, 채소류 조직의 강화를 위해 쓰이는 염화마그네슘 등이 있다.

⑲ 제조용제: 제조 및 가공 중 촉매, 침전, 분해, 청징 등의 목적으로 사용되는 니켈 등이 있다.

⑳ 젤형성제: 젤을 형성해 식품에 독특한 물성을 부여하는 젤라틴 등이 있다.

㉑ 증점제: 식품의 점도를 높이는 역할을 하며, 펙틴 등이 사용된다.

㉒ 착색료: 식품의 색상을 부여하거나 복원시키는 포도과피색소, 베타카로틴, 카민 등이 있다.

㉓ 청관제: 식품에 직접 접촉하는 스팀을 생산하는 보일러 내부의 결석, 물때 형성, 부식 등을 방지하기 위하여 투입하는 식품첨가물이다.

㉔ 추출용제: 유용한 성분의 추출이나 용해 목적으로 사용되는 이소프로필알코올 등이 있다.

㉕ 충전제: 산화나 부패로부터 식품을 보호하기 위해 포장 용기에 주입하는 질소 등이 있다.

㉖ 팽창제: 가스를 발생시켜 반죽의 부피를 증가시키는 탄산수소나트륨 등이 사용된다.

㉗ 표백제: 식품의 색을 제거하여 밝게 만드는 무수아황산 등이 사용된다.

㉘ 표면처리제: 식품 표면을 매끄럽게 하거나 정돈시키는 탤크 등이 사용된다.

㉙ 피막제: 식품 표면에 광택을 내거나 보호막을 형성하는 밀랍 등이 사용된다.

㉚ 향미증진제: 식품의 맛과 향을 더 좋게 하는 L-글루탐산나트륨(Monosodium glutamate, MSG) 등이 있다.

㉛ 향료: 식품에 특유의 향을 부여하거나 제조 중 손실된 향을 보강하는 바닐린 등이 사용된다.

㉜ 효소제: 특정 생화학적 반응을 촉진하는 알파-아밀라아제 등이 있다.

식품첨가물을 사용하는 주된 목적은 다음과 같다.

① 향미증진제, 감미료, 착색료, 향료 등을 첨가하여 식품의 맛과 색, 향을 개선함으로써 소비자의 기호도를 높인다.

② 보존료, 살균제, 산화방지제 등을 이용해 미생물의 번식과 지방의 산화를 억제하여 식품의 변질을 막고 보존 기간을 연장한다.

③ 영양강화제를 첨가하여 비타민이나 무기질 등 부족한 영양소를 보충하고 식품의 영양가를 향상시킨다.

④ 팽창제, 응고제, 증점제 등을 활용하여 식품의 조직감과 물성을 향상시키고 유지한다.

⑤ 유화제, 호료, 피막제, 밀가루 개량제 등을 통해 식품의 품질을 일정하게 유지하면서 제조 공정을 보다 용이하게 한다.

이와 같이 식품첨가물은 식품의 맛과 질을 높이고 식품을 대량으로 생산하며 안전하게 보존한 상태로 유통시키는 데 필수 역할을 수행한다.

〈표 2-15〉 식품첨가물의 기능적 분류 및 예시

기능적 분류 (한국 MFDS)	관련 국제 용어 (Codex/FDA/EU)	예시
감미료	Sweeteners	아세설팜칼륨(Ace–K)
고결방지제	Anti–caking agents	이산화규소(SiO_2)
보존료	Preservatives	소브산(Sorbic acid), 안식향산(Benzoic acid)
착색료	Colorings	포도과피색소
향미증진제	Flavor enhancers	L–글루탐산나트륨(Monosodium glutamate, MSG)
유화제	Emulsifiers	레시틴(Lecithin)
안정제	Stabilisers	결정셀룰로스(Microcrystalline cellulose, MCC)
산화방지제	Antioxidants	에틸렌디아민테트라아세트산 디나트륨염(EDTA–2Na)
증점제	Thickeners	펙틴(Pectin)
팽창제	Raising agents	탄산수소나트륨(Sodium bicarbonate, $NaHCO_3$)

출처: https://www.foodsafetykorea.go.kr/portal/board/boardDetail.do

3) 국내 식품첨가물 안전 규제 및 기준

국내 식품첨가물의 안전성은「식품위생법」을 기반으로 철저히 규제된다. 이 법은 식품 및 식품첨가물의 기준과 규격을 명확히 규정하고 있으며(제7조), 해당 기준을 충족하지 않는 식품이나 식품첨가물의 제조, 판매 및 사용을 엄격히 금지하고 있다. 이러한 규제는 국민 건강을 최우선으로 고려하여 식품첨가물의 안전성을 확보하고, 안전한 사용을 보장하기 위한 목적을 갖는다.

식품첨가물의 구체적인 기준과 규격은 식품의약품안전처가 발행하는「식품첨가물의 기준 및 규격」고시를 통해 상세히 명시된다. 이 고시는 식품첨가물의 제조, 가공, 사용, 보존 방법과 위반 시 처분 기준 등을 포함하며, 식품첨가물의 안전한 품질 관리를 위한 핵심적인 역할을 수행한다. 또한 해당 고시는 지속적으로 업데이트 및 개정된다. 고시 전문과 관련 자료는 식품의약품안전처 홈페이지에서 확인할 수 있다.

식품 첨가물로 사용되려면 반드시 3가지 항목을 충족해야 한다.

① 국제적으로 안전성 평가가 완료되어 안전성에 문제가 없는 것으로 확인된 것
② 과학적으로 검토 가능한 자료를 구비하고 있는 것
③ 감미, 착색, 산화 방지 등 식품에 사용하고자 하는 기술적 필요성이 인정되는 것

새로운 식품첨가물을 지정하거나 기존 기준을 개정하기 위해서는 식품의약품안전처장이 정한 절차에 따라 신청해야 한다. 이 과정은 식품첨가물 신청 서류 접수 및 검토(안전성 및 성분 규격 자료 접수), 과학적 평가: 1일 섭취허용량 설정, 섭취 실태 조사 등, 신규 지정 및 사용 기준 설정 단계로 이루어진다. 특히 국제 기준과 국내 식품 소비량 등을 종합적으로 고려하여 최종 결정이 내려진다. 이러한 엄격한 절차를 통해 국내에서는 안전하고 필수적인 식품첨가물만 사용될 수 있도록 보장한다.

4) 국제적인 식품첨가물 안전성 관리

국제적으로는 Codex Alimentarius의 식품첨가물 일반 기준(General Standards for Food Additives, GSFA)에서 첨가물의 허용 여부, 기능 분류, 순도 및 최대 함량을 설정하며, 각국의 무역 기준으로 활용된다. 미국 FDA는 식품접촉물질신고제도(FCN) 제도와 GRAS(Generally Recognized As Safe) 제도를 통해 사전 승인 또는 사후 검증을 병행한다. 유럽연합은 Regulation (EC) No 1333/2008을 통해 안전성 평가, 기술적 필요성, 소비자 오인 방지 세 가지 요건을 충족하는 물질에만 E 번호를 부여한다. EFSA(유럽식품안전청)가 평가를 담당하며, 승인된 첨가물은 지속적 재평가 과정을 거쳐 안전성이 재검토된다.

이처럼 국내 · 국제 규제 체계는 공통으로 '기술적 목적이 분명하고 안전성이 확보된 물질만을 최소량 사용한다'라는 원칙을 따르고 있다.

5) 식품첨가물의 안전성 평가 절차

식품첨가물 안전성 평가는 과학적 근거에 기반을 두고, 의도된 용도로 사용할 때 인체에 해를 끼치지 않아야 한다는 원칙을 따른다. 평가 절차는 다음 네 단계로 이루어진다. 첫째, 위해성 확인(Hazard Identification)을 통해 첨가물의 독성 잠재성을 파악하고, 둘째, 위해성 결정(Hazard Characterization)을 통해 최대무독성량(인체에 해를 끼치지 않는 최대 농도, no observed adverse effect level, NOAEL)을 산출한다. 셋째, 노출 평가(Exposure Assessment)를 통해 실제 식품 섭취 시 인체가 받는 첨가물 양을 추정하고, 넷째, 위해도 결정(Risk Characterization)을 통해 최대무독성량과 노출량을 비교 · 분석하여 일일 섭취 허용량(ADI, Acceptable Daily Intake)을 설정함으로써 마무리한다.

국내 식품의약품안전처는 단독 투여 독성 시험, 반복 투여 독성 시험, 생식 · 발생 독성 시험, 면역 투여 시험, 발암성 시험 등 다양한 독성 시험 자료를 요구하여 식품첨가물의 안전성을 평가한다. 이러한 시험은 우수실험실운영기준(Good Laboratory Practice, GLP)을 준수하는 기관에서 수행되며, 식품의약품안전처는 시험 결과를 바탕으로 안전한 양(무독성량, No Observed Adverse Effect Level, NOAEL)을 확인하고 안전 계수를 적용하여 일반적으로 동물실험 안전량보다 1/100~1/1,000배 수준으로 적게 1일 섭취 허용량(ADI, Acceptable Daily Intake)을 설정한다.

국제적으로 국제식품첨가물전문가위원회(Joint FAO/WHO Expert Committee on Food Additives, JECFA)는 FAO와 WHO가 공동으로 운영하는 국제 전문가 위원회로, 식품첨가물의 독성·노출 자료를 검토하여 ADI(일일 섭취 허용량)와 함께 기술적 필요성을 권고한다. 이 권고는 Codex Alimentarius의 기준(General Standard for Food Additives, GSFA)에 반영되어 각국 규제의 기초가 된다. 유럽식품안전청(European Food Safety Authority, EFSA)은 4단계 위험 평가(위해성 확인 → 위해성 결정 → 노출 평가 → 위해도 결정)를 통해 안전성을 평가하고, 승인된 식품첨가물에 대한 재평가 프로그램을 운영하며 승인 물질의 안전성을 정기적·수시로 재검토하며 갱신한다.

결론적으로, 국내외 규제 기관은 과학적 평가 절차를 기반으로 식품첨가물의 안전성을 엄격히 관리하며, 식품첨가물 규제는 지속적인 과학적 연구와 공중보건 보호 필요성에 따라 발전하고 있다.

5 환경위생(Environmental Hygiene)

1) 환경위생의 정의와 중요성

환경위생이란, 환경의 물리적·화학적·생물학적 요소들을 관리하고 개선하여 인간과 동물의 건강을 보호하고 증진하는 공중보건의 한 분야이다. WHO에 따르면 전 세계 질병의 약 23%가 환경 요인과 관련이 있으며, 환경위생 관리는 전염병을 포함한 다양한 질병 예방에 매우 중요하다.

〈표 2-16〉 주요 환경 요인과 질병의 관계

환경 요인	관련 질병 및 건강 문제	예방 대책
공기오염	천식, 기관지염, 폐암 등 호흡기 질환	환기시설, 공기정화장치 설치
수질오염	콜레라, 장티푸스, 설사 등 수인성 질환	식수 정수처리, 하수처리시설
폐기물오염	피부병, 전염성 질환	분리배출, 위생적 수거, 전문 처리
식품오염	식중독, 살모넬라균 감염	식품위생 관리, 보존 방법 교육

2) 환경 요소별 관리

(1) 공기오염

공기오염은 미세먼지, 오존, 일산화탄소 등 다양한 물질이 원인이 되어 발생한다. 환경부에 따르면 2022년 국내 연평균 미세먼지(PM2.5) 농도는 18$\mu g/m^3$로, WHO 권고 기준(연평균 5$\mu g/m^3$ 이하)을 초과했다. 이를 줄이기 위해서는 환기 시스템, 공기정화장치를 설치하고, 주기적인 공기질 측정 및 관리가 필수이다.

(2) 수질 위생 관리

안전한 식수 공급과 폐수 처리는 수질 위생 관리의 핵심이며, 정기적인 수질 검사 및 정수 처리 시설 운영이 필요하다.

〈표 2-17〉 국내 수질 위생 기준(2023)

항목	기준치	항목	기준치
총대장균군	음성/100mL	수은	0.001mg/L 이하
질산성질소	10mg/L 이하	탁도	1 NTU 이하

(3) 폐기물 위생 관리

폐기물은 일반폐기물, 의료 폐기물 등으로 분류되며, 특히 의료폐기물은 병원균 전파의 위험이 있어 철저한 관리가 요구된다.

〈표 2-18〉 의료폐기물 관리 기준

의료폐기물 종류	처리 방법
감염성 폐기물	전용 밀폐용기에 보관 후 소각 처리
손상성 폐기물(주삿바늘 등)	전용 손상성 폐기물 용기 보관 후 소각 처리

(4) 식품위생 관리

식품위생 관리를 위해 식품 보관 온도, 유통 기한 관리, 개인위생 실천을 철저히 준수해야 한다.

(5) 생활환경 위생 관리

생활환경 위생은 실내 환경 관리 및 해충 방제를 포함한다. 특히 환기 관리와 해충 방제는 감염병 예방의 핵심 요소로 꼽힌다.

〈표 2-19〉 주요 해충 및 전염병 관리

해충	관련 질병	방제 방법
모기	말라리아, 일본뇌염	살충제 살포, 모기장 설치
쥐	렙토스피라증, 유행성출혈열	쥐덫 설치, 환경 정비

3) 환경오염이 건강에 미치는 영향

환경오염은 인간과 동물의 건강에 심각하고 광범위한 영향을 미친다. 특히 미세먼지, 중금속, 화학 물질 등은 장기적이고 누적적인 피해를 유발하며, 다양한 질환의 원인이 될 수 있다.

미세먼지의 경우, 호흡기 및 심혈관계 질환의 주요 원인으로 꼽힌다. WHO의 2022년 보고서에 따르면, 전 세계적으로 미세먼지(PM2.5)로 인해 연간 약 700만 명이 조기 사망하고 있다. 또한 국내 연구 결과에 의하면 미세먼지 농도가 10$\mu g/m^3$ 증가할 때마다 폐암 발생률이 약 9%, 심혈관 질환 발생률이 5% 증가하는 것으로 나타났다(이승헌 외, 2020; WHO, 2021).

중금속 오염은 특히 납, 수은, 카드뮴 등으로 인해 발생하며, 이는 신경계, 신장 및 간 손상, 생식 기능 저하 등의 심각한 건강 문제를 일으킨다. 환경부 조사(2023)에 따르면 납 중독의 경우, 아동의 지능 발달에 치명적인 영향을 미칠 수 있으며, 카드뮴 오염 지역의 주민은 일반 지역 대비 신장질환 발병률이 30% 이상 높은 것으로 보고되었다.

〈표 2-20〉 환경오염 물질이 건강에 미치는 영향

오염 물질	건강 영향	관리 방안
미세먼지(PM2.5)	천식, 만성폐쇄성폐질환(COPD), 심혈관질환, 폐암	공기질 관리 강화, 배출 규제 강화
납(Pb)	신경 발달 장애, 빈혈, 혈압 상승, 신장장애	납 사용 제품 규제, 오염 지역 복원
수은(Hg)	신경독성, 생식·면역 기능 저하	산업 배출 관리, 수은 폐기물 처리 강화
카드뮴(Cd)	신장질환, 골다공증, 암 발생 증가	공장 배출 기준 강화, 토양·식품 오염 검사

환경오염 관리는 공중보건 정책의 필수 요소이며, 오염 물질 배출원에 대한 엄격한 규제, 정기적 모니터링 및 예방 교육이 필수적으로 시행되어야 한다. 환경위생은 공중보건의 근본적인 영역이며, 철저한 관리와 지속적인 모니터링을 통해 인간과 동물 모두의 건강 증진에 기여해야 한다. 특히 동물보건사는 환경오염으로 인한 동물 환자의 증가에 대비하여 관련 질환에 대한 정확한 이해와 예방 조치를 숙지하고 보호자에게 올바른 정보를 제공하는 것이 중요하다.

환경위생을 위한 동물보건사의 역할

- 병원 내 소독 및 감염 관리를 정기적으로 실시하고 기록을 유지한다.
- 병원 내 폐기물 관리를 철저히 하여 전염병 확산을 방지한다.
- 보호자에게 개인 및 환경위생의 중요성에 대한 교육을 정기적으로 제공한다.

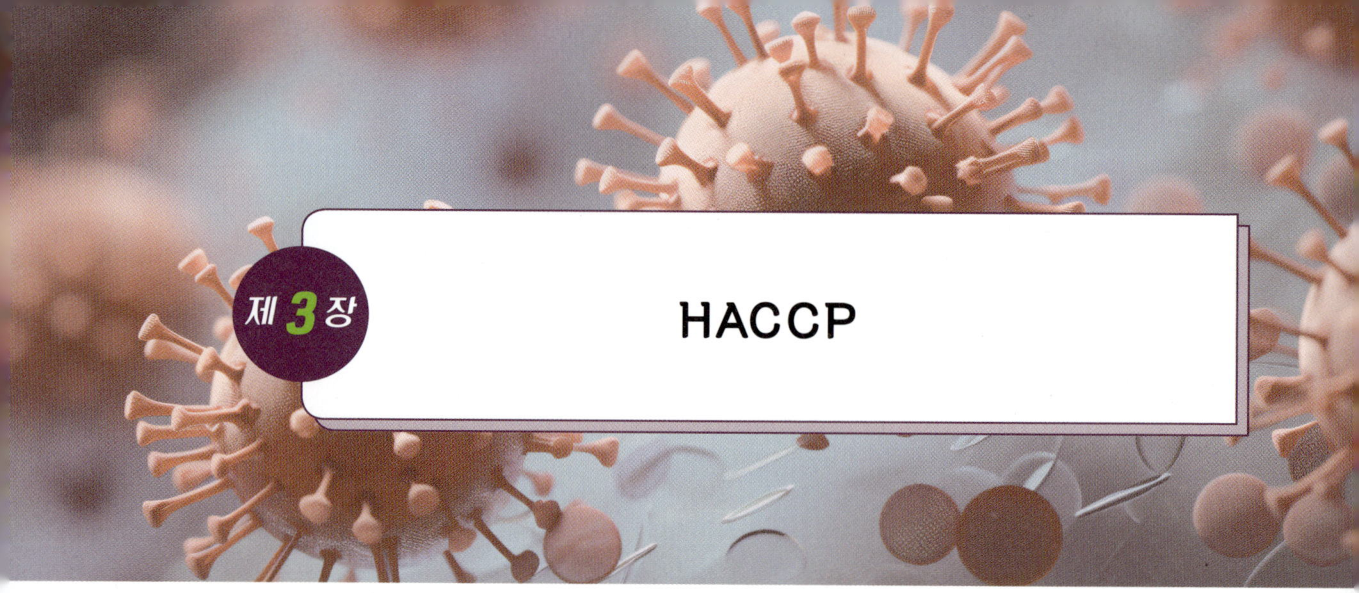

제 3 장 HACCP

1 HACCP(안전관리인증기준)

HACCP은 1960년대 미국에서 우주인에게 안전한 식품을 공급할 목적으로 연구되기 시작하였고, 1993년 FAO와 WHO의 국제식품규격위원회(CODEX) 제20차 총회에서 HACCP 시스템 적용을 위한 가이드라인이 채택된 이후, 각국에 HACCP의 도입을 권고함에 따라 빠른 속도로 도입·적용되고 있으며, 현재까지 가장 효과적인 식품·축산물 안전관리방법으로 알려져 있다. 우리나라는 「식품위생법」과 「축산물 위생관리법」에 따라 안전관리인증기준의 적용·운영 및 교육·훈련 등에 관한 사항을 정하고 있고, 2017년 한국식품안전관리인증원이 출범하여 식품과 축산물을 통합하여 인증을 관리하고 있다. 특히, 식품 HACCP은 2003년 6개 식품 유형에서 의무화 규정을 신설한 이후 점차 확대하여 관리하고 있으며, 식품의 제조·가공·유통·외식·급식 모든 분야에서 적용되고 있다. 또한 축산물 HACCP은 생산·사료·가공·유통 등 모든 분야에 적용되고 있으며, 2002년 도축업 등 업종에 축산물안전관리인증기준 의무 적용을 시작으로 하여 축산물의 안전한 공급을 위해 관리하고 있다.

1) HACCP의 정의

HACCP은 'Hazard Analysis Critical Control Point'의 약자로, 안전관리인증기준이라 하며, 「식품위생법」 및 「건강기능식품에 관한 법률」에 따른 「식품안전관리인증기준」과 「축산물 위생관리법」에 따른 「축산물안전관리인증기준」으로서, 식품 · 건강기능식품 · 축산물의 원료 관리, 제조 · 가공 · 조리 · 선별 · 처리 · 포장 · 소분 · 보관 · 유통 · 판매의 모든 과정에서 위해한 물질이 식품과 축산물에 섞이거나 오염되는 것을 방지하기 위해 각 과정의 위해 요소를 확인 · 평가하여 중점적으로 관리하는 기준을 말한다(식품의약품고시 제2025-8호).

HACCP은 HA(Hazard Analysis, 위해분석)와 CCP(Critical Control Point, 중요관리점)로 구성된다. 위해분석(HA)은 원료와 공정에서 발생 가능한 생물학적 · 화학적 · 물리적 위해 요소를 분석 · 평가하고 예측하여 그 요인을 사전에 파악하는 것을 의미한다.

중요관리점(CCP)은 위해 요소를 예방 · 제어 또는 허용 수준 이하로 감소시킬 수 있는 공정이나 단계를 말하며, 이 단계는 식품과 축산물의 안전성 확보를 위해 필수적으로 관리하여야 할 항목이다.

즉, HACCP은 식품, 건강기능식품 및 축산물 등을 제조 · 가공 · 조리 · 보존 · 유통하는 각 단계에서 발생할 수 있는 위해 요소를 과학적으로 분석하고, 중요관리점을 미리 확보함으로써 발생 가능한 위해 요인을 사전에 차단하는 체계적이고 효율적인 관리 시스템을 말하며, 이를 통해 최종 소비자에게 안전한 제품을 공급할 수 있도록 하는 과학적인 위생 관리 체계이다.

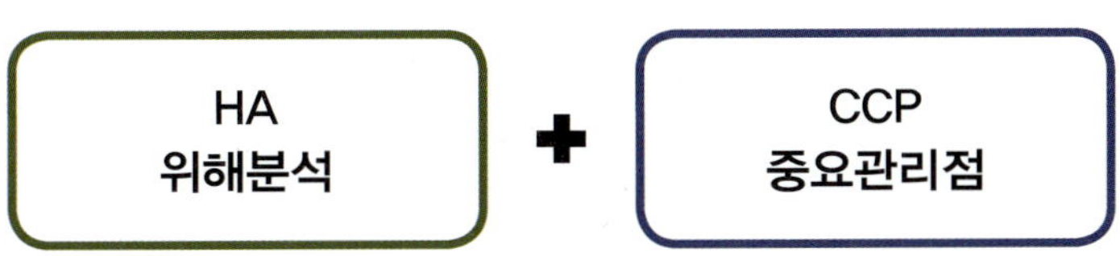

HACCP 적용작업장 · 업소	안전관리인증 HACCP 식품의약품안전처 / HACCP MFDS
자동기록관리시스템 (스마트해썹, Smart HACCP) 업체	스마트 HACCP 식품의약품안전처 / SMART HACCP MFDS
도축장, 집유장, 농장	안전관리인증 HACCP 농림축산식품부 / HACCP MAFRA
안전관리통합인증업체	안전관리통합인증 HACCP 식품의약품안전처 / HACCP MFDS
사료제조업체	위해요소중점관리 HACCP 농림축산식품부 / HACCP MAFRA

[그림 3-1] HACCP 인증마크

2) HACCP 관련 법령 및 의무 적용 분야

식품과 축산물의 HACCP 관련 법령은 「식품의약품안전처고시 제2025-8호(2025. 2. 18. 개정) 식품 및 축산물 안전관리인증기준」에 근거하여 적용한다.

(1) 식품

〈표 3-1〉 식품 관련 법령 기준

식품위생법	제48조(식품안전관리인증기준)
	제48조의2(인증 유효기간)
	제48조의3(식품안전관리인증기준적용업소에 대한 조사 · 평가 등)
	제48조4(식품안전관리인증기준의 교육훈련기관 지정 등)
식품위생법 시행령	제33조(식품안전관리인증기준)
	제34조(식품안전관리인증기준적용업소에 관한 업무의 위탁 등)
식품위생법 시행규칙	제62조(식품안전관리인증기준 대상 식품)
	제63조(식품안전관리인증기준적용업소의 인증신청 등)
	제64조(식품안전관리인증기준적용업소의 영업자 및 종업원에 대한 교육훈련)
	제65조(식품안전관리인증기준적용업소에 대한 지원 등)
	제66조(식품안전관리인증기준적용업소에 대한 조사 · 평가)
	제67조(식품안전관리인증기준적용업소 인증취소 등)
	제68조(식품안전관리인증기준적용업소에 대한 출입 · 검사 면제)
	제68조2(인증유효기간의 연장신청 등)
	제68조3(식품안전관리인증기준의 교육훈련기관 지정 등)

(2) 축산물

〈표 3-2〉 축산물 관련 법령 기준

축산물 위생관리법	제9조(안전관리인증기준)
	제9조2(인증 유효기간)
	제9조3(안전관리인증기준의 준수 여부 평가 등)
	제9조4(인증의 취소 등)
	제9조5(안전관리인증기준의 교육훈련기관 지정 등)
축산물 위생관리법 시행규칙	제7조(안전관리인증기준의 작성 · 운용 등)
	제7조2(안전관리인증기준 적용 확인서의 발급)
	제7조3(안전관리인증작업장등의 인증신청 등)
	제7조4(영업자등에대한 교육훈련)
	제7조5(인증유효기간의 연장신청 등)
	제7조6(조사 · 평가의 방법 등)
	제7조7(안전관리인증기준 및 운용의 적정성 검증)
	제7조8(안전관리인증작업장등의 인증취소 등)
	제7조9(안전관리인증기준 교육훈련기관의 지정 등)

(3) 의무 적용 분야

① 식품

식품의 제조·가공·유통·급식의 모든 분야에서 적용되고 있으며, 의무적으로 HACCP을 적용해야 하는 식품은 「식품위생법 시행규칙」 제62조를 따르며, 필요한 경우 이외의 영업장 또는 제품에 대해서도 적용 가능하다.

〈표 3-3〉 식품 의무 적용 업종

수산가공식품류의 어육가공품류 중 어묵·어육소시지	절임류 또는 조림류의 김치류 중 김치
기타수산물가공품 중 냉동 어류·연체류·조미가공품	코코아가공품 또는 초콜릿류 중 초콜릿류
냉동식품 중 피자류·만두류·면류	유탕면, 생면, 숙면, 건면
과자류, 빵류 또는 떡류 중 과자·캔디류·빵류·떡류	특수용도식품
빙과류 중 빙과	즉석섭취·편의식품류 중 즉석섭취식품
음료류[다류(茶類) 및 커피류는 제외]	즉석섭취·편의식품류의 즉석조리식품 중 순대
절임류 또는 조림류의 김치류 중 김치	식품제조·가공업의 영업소 중 전년도 총매출액이 100억 원 이상인 영업소에서 제조·가공하는 식품

② 축산물

2002년 도축업 등 업종에 HACCP 의무 적용을 한 이래로, 축산물의 생산·사료·가공·유통의 모든 분야에서 적용되고 있다.

〈표 3-4〉 축산물 의무 적용 업종

- 도축업
- 집유업
- 축산물가공업
(식육가공업, 유가공업, 알가공업)
- 식육포장처리업
- 식용란선별포장업

(4) HACCP 용어의 정의

- 위해 요소(Hazard): 인체의 건강을 해할 우려가 있는 생물학적 · 화학적 또는 물리적 인자나 조건
- 한계기준(Critical Limit): 중요관리점에서의 위해 요소 관리가 허용 범위 이내로 충분히 이루어지고 있는지 여부를 판단할 수 있는 기준이나 기준치
- 모니터링(Mornitoring): 중요관리점에 설정된 한계기준을 적절히 관리하고 있는지 여부를 확인하기 위해 수행하는 일련의 계획된 관찰이나 측정하는 행위
- 개선조치(Corrective Action): 모니터링 결과 중요관리점의 한계기준을 이탈할 경우에 취하는 일련의 조치
- 선행요건(Pre-requisite program): 안전관리인증기준(HACCP)을 적용하기 위한 위생관리프로그램
- 안전관리인증기준 관리계획(HACCP Plan): 식품 · 축산물의 원료 구입에서부터 최종 판매에 이르는 전 과정에서 위해가 발생할 우려가 있는 요소를 사전에 확인하여 허용 수준 이하로 감소시키거나 제어 또는 예방할 목적으로 안전관리인증기준(HACCP)에 따라 작성한 제조 · 가공 · 조리 · 선별 · 처리 · 포장 · 소분 · 보관 · 유통 · 판매 공정 관리 문서나 도표 또는 계획
- 검증(Verification): 안전관리인증기준(HACCP) 관리 계획의 유효성과 실행 여부를 정기적으로 평가하는 일련의 활동
- 안전관리인증기준(HACCP) 적용업소: 「식품위생법」, 「건강기능식품에 관한 법률」에 따라 안전관리인증기준(HACCP)을 적용 · 준수하여 식품을 제조 · 가공 · 조리 · 선별 · 처리 · 포장 · 소분 · 보관 · 유통 · 판매하는 업소와 「축산물 위생관리법」에 따라 안전관리인증기준(HACCP)을 적용 · 준수하고 있는 안전관리인증 작업장 · 안전관리인증 업소 · 안전관리인증기준(HACCP)을 적용 · 준수하여 안전관리인증 농장 또는 축산물안전관리통합인증 업체 등
- 중요관리점(CCP) 모니터링 자동기록관리시스템: 중요관리점(CCP) 모니

터링 데이터를 실시간으로 자동 기록·관리 및 확인·저장할 수 있도록 하여 데이터의 위·변조를 방지할 수 있는 시스템을 말하며, 이 시스템을 적용한 안전관리인증기준을 Smart HACCP이라고 함

3) 위해 요소의 이해

위해 요소는 제품의 제조·가공·처리·조리·유통·판매 과정 등에서 비정상적으로 유입된 물질로 식품을 소비자가 섭취했을 때 건강상 피해를 일으킬 수 있는 것으로, 생물학적·화학적·물리적 요인으로 구분할 수 있다. 이러한 잠재적 위해 요소는 각각의 위해 요소로 나타날 수 있지만, 복합적으로도 나타날 수 있다.

- 생물학적 위해 요소: 세균, 바이러스, 곰팡이, 위생 해충, 기생충 등
- 화학적 위해 요소: 농약, 중금속, 항생제, 식품첨가물, 동식물성 자연독 등
- 물리적 위해 요소: 돌, 유리, 금속, 플라스틱 등

(1) 생물학적 위해 요소

원료나 공정 과정에서 유입되어 인체의 건강을 해칠 가능성이 있는 세균, 바이러스, 효모, 곰팡이, 기생충, 위해 곤충 등이 있다. 특히 미생물은 가장 빈번하게 발생하는 위해 요소로, 제조·가공·포장·유통·조리 등의 과정 중에서 쉽게 오염될 수 있으며, 미생물이 생성하는 독소에 의해서 식중독을 유발할 수 있다.

〈표 3-5〉 생물학적 위해 요소의 종류

세균성 식중독	병원성대장균(*Escherichia coli* O157 :H7), 캠필로박터균(*Camphylobacter jejuni*), 살모넬라균(*Salmonella typhimurium*, *Salmonella enteritidis*), 비브리오균(*Vibrio parahaemolyticus*), 리스테리아균(*Listeria monocytogenes*), 황색포도상구균(*Staphylococcus aureus*), 보툴리누스균(*Clostrium perfringens*), 바실러스균(*Bacillus cerues*), 여시니아균(*Yersinia enterocolitica*) 등
바이러스성 식중독	노로 바이러스(Norovirus), 로타 바이러스(Rotavirus) 등
곰팡이성 식중독	아플라톡신(Aflatoxin), 오크라톡신(Ochratoxin), 황변미독, 맥각독 등

(2) 화학적 위해 요소

제조·가공·포장·유통·조리 등의 과정 중에서 유래하는 요소와 자연 유래의 위해 요소가 포함되고, 식품에 잔류하면서 급성·만성 질병을 초래할 수 있다.

〈표 3-6〉 화학적 위해 요소의 종류

자연유래독소	복어독, 버섯독, 조개독, 감자싹, 독미나리 등
중금속	수은, 카드뮴, 납, 비소, 크롬 등
동물용의약품	세팔로스포린, 테트라사이클린, 페니실린, 클로람페니콜 등
유해식품첨가물	보존료, 표백제, 착색제 등
기타	농약, 윤활제, 세척제, 페인트, 포장재, 환경호르몬, 방사능 오염물질 등

(3) 물리적 위해 요소

정상적인 원료나 제품 제조 공정에서 발견될 수 없는 외부 유래의 이물질을 모두 포함하여 물리적인 위해 요인으로 볼 수 있다. 이는 특히 시설·설비 관리 부주의, 오염된 포장재, 관리자·종업원의 실수로 인해 발생할 우려가 있다.

〈표 3-7〉 물리적 위해 요소의 종류

광물성이물	유리 조각, 돌조각, 플라스틱 조각, 쇳조각, 플라스틱 등
동물유래이물	손톱, 머리카락, 동물의 털, 동물의 사체, 배설물, 생선 가시 등
식물유래이물	이쑤시개, 나뭇조각, 나뭇잎 등

4) 선행요건프로그램의 이해

(1) 선행요건프로그램의 개발

HACCP 적용을 위해서는 식품과 축산물의 안전한 제품 생산을 위한 작업 활동, 환경 및 작업 요건을 충족한 선행요건프로그램의 수립이 필수적이다. 선행요건프로그램은 GMP(Good Manufacturing Practice, 우수제조기준)와 SSOP(Sanitation Standard Operation Procedure, 위생표준관리기준)로 구성되며,

이를 바탕으로 HACCP 관리 계획이 마련되어야 HACCP 시스템의 효율적인 운영이 이루어진다.

즉, 선행요건프로그램에는 제품 제조 공정 전 과정에 걸쳐 발생할 수 있는 위해 요소로부터 제품이 오염되는 것을 예방하기 위한 기본적인 위생 관리 절차를 명시하여야 하는데, SSOP에는 8개 분야(① 영업장 관리, ② 위생 관리, ③ 제조·가공·조리 시설·설비 관리, ④ 냉장·냉동 시설·설비 관리, ⑤ 용수 관리, ⑥ 보관·운송 관리, ⑦ 검사 관리, ⑧ 회수프로그램 관리)의 개별 관리 기준서를 작성해야 한다. 또한 관리 기준서에는 위생 관리 방법, 모니터링 방법과 실시 빈도, 실시 결과의 기록 관리 및 책임자 등에 관한 사항이 규정되어야 한다.

이외 GMP에는 안전하고 위생적인 제품 생산을 위한 제조 시설·설비 요건, 기준, 구조 및 건물의 위치 등에 관한 기준이 포함된다.

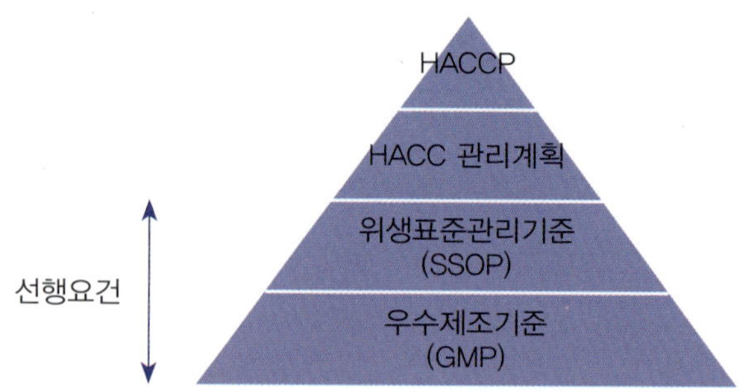

[그림 3-2] HACCP 시스템의 구성

(2) 선행요건프로그램의 적용 · 유지 · 관리

처음 수립된 선행요건프로그램의 적용 후에는 그 효과 평가를 위한 검증(verification)을 수행해야 한다. 효과성 평가 결과 위생 안전성 여부를 확인하고, 필요에 따라 수정 또는 보완하도록 한다. 또한 선행요건프로그램이 제조 환경이나 제조 공정 전 과정 중 제품의 오염을 효과적으로 예방하고 있는지, 종사자들이 관리 기준에 따라 적합하게 수행하고 있는지, 시설·설비 개보수를 하고 있는지 등을 정기적 검증을 통해 확인·평가하도록 한다. 이외 선행요건프로그램의 효율적인 운영을 위해 시설 · 설비, 작업 방법, 담당자 등을 변경하거나 종업원 교육 등을 실시하도록 한다.

(3) 선행요건프로그램의 개선 조치

선행요건프로그램의 적용 · 유지 · 관리 과정이 제품의 안전성을 보장할 수 없는 상황인 경우에는 적절한 개선 조치를 취하여야 한다.

(4) 선행요건프로그램의 기록 관리

선행요건프로그램의 적용 · 운영 방법, 모니터링 활동 및 개선 조치 사항 등의 내용은 문서화하여 기록을 유지하도록 하며, 문서화할 때에는 책임자의 서명과 작성 날짜를 기입하도록 한다.

5) HACCP의 절차

(1) HACCP 적용 추진 절차

과거의 위생 관리 절차가 위해 요소의 사후 관리 · 통제였다면, HACCP의 가장 큰 특징은 위해 요소의 사전 예방적 관리가 가능하다는 것이다. 우선 HACCP 적용을 추진하기 위해서는 품질 관리, 생산, 연구 등 다양한 분야의 직원으로 추진팀을 구성하고, 각자의 역할을 분담해야 한다. 추진팀은 기본적인 위생 시설 · 설비 및 위생 관리 현황을 조사하고, 문제점을 개선 보완한 후 선행요건프로그램 기준서와 제품 설명서 및 공정 흐름 도면 등을 작성하여 위해분석의 기초 자료로 활용한다. 이후 원료별 위해 요소를 분석하고, 위해평가를 하여 HACCP 관리계획을 수립하며, 이를 바탕으로 HACCP 관리 기준서를 작성한다. 실제 수립된 계획과 관리 기준서에 대한 현장 적용 여부를 확인하고, 현장 종업원과 관리자 등을 대상으로 훈련 · 교육을 마치게 되면 HACCP system을 가동하게 된다.

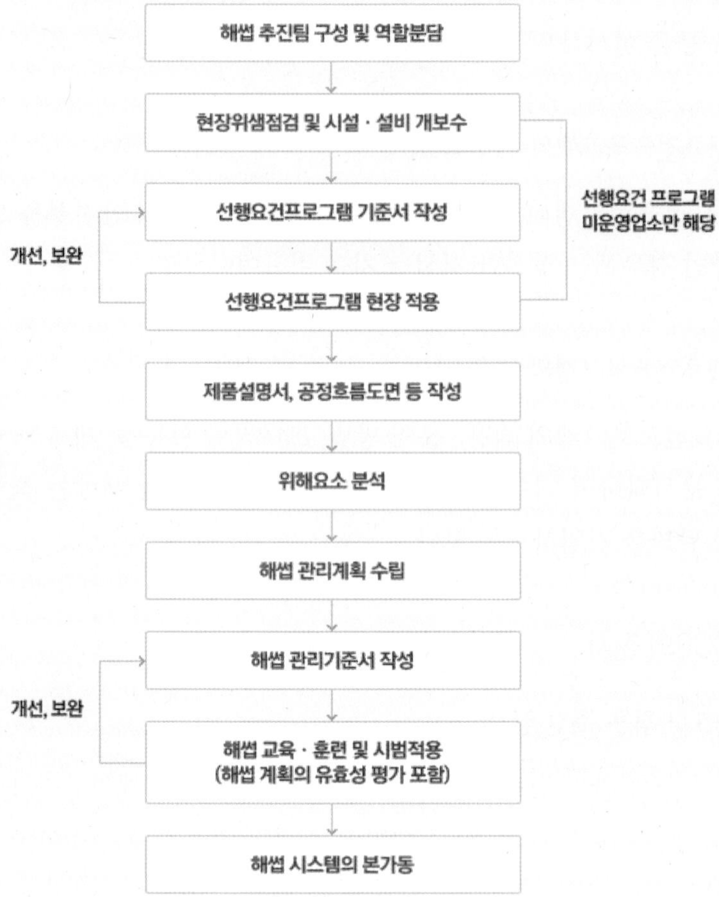

[그림 3-3] HACCP 적용 추진 절차

출처: https://fresh.haccp.or.kr/haccp/introduction/haccpIntroduction.do?tp=5

(2) HACCP의 7원칙 12절차

HACCP 시스템은 이를 개발하기 위해 준비하는 5개의 절차 단계와 적용을 위한 7단계 원칙으로 구성되어 있고, 이러한 12가지 절차에 따라 관리 · 운영된다.

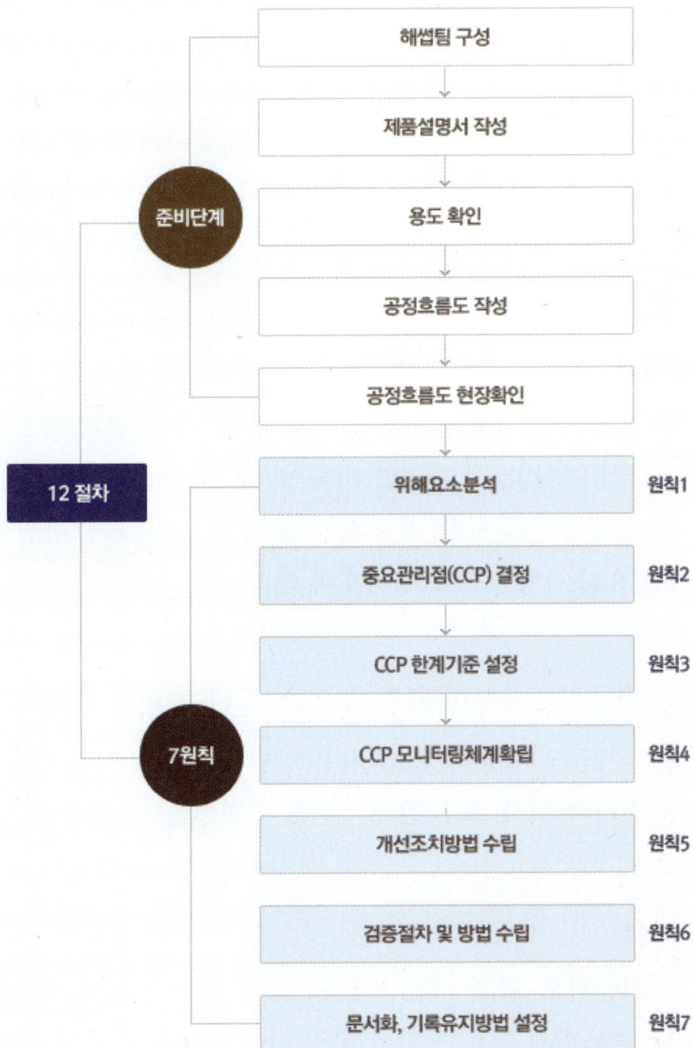

[그림 3-4] HACCP 7원칙 12절차 적용 절차

출처: https://fresh.haccp.or.kr/haccp/introduction/haccpIntroduction.do?tp=7_1

① HACCP 팀 구성

HACCP 시스템의 첫 번째 준비는 HACCP 업무를 주도적으로 수행할 팀을 구성하는 것이다. 팀을 구성할 때는 업체 내 전문 지식을 갖춘 핵심 직원과 최고책임자의 직접적인 참여를 포함하는 게 바람직하며, 팀장은 업체의 최고책임자가 맡은 것이 이상적이다. 팀의 규모는 업체의 상황과 여건에 따라 달라질 수 있지만, 시설 · 설비 · 제조 · 물류 · 품질 관리 · 보건 관리 분야 등 다양한 분야의 책임자로 구성하고, 업무별 구체적이고 실질적인 역할을 분담하여야 하며, 특히 해당 공정별 종사자가 모니터링 담당자로 지정되어야 한다. 이들은 관련 규정을 준수하여 HACCP 교육을 받고 전문성을 갖출 수 있도록 한다. 또한 팀 구성, 인력 현황, 팀원별 책임과 권한, 팀원 이력표, 교대 근무 시 인수 · 인계 방법 등은 문서화하여 보관한다.

② 제품 설명서 작성

제품 설명서는 생산되는 제품의 제품명, 제품 유형, 성상, 품목 제조 보고 연월일, 작성자 및 작성 연월일, 성분 배합 비율 및 제조 방법, 제조 단위, 완제품의 규격, 보관 · 유통상의 주의 사항, 제품 용도 및 유통 기간, 포장 방법 및 재질, 표시 사항, 기타 필요한 사항 등을 작성하도록 한다.

③ 용도 확인

제품에 포함될 위해 요소에 민감한 소비자(예: 노약자, 임산부, 특이 체질 환자 등)를 파악하고, 제품의 사용 의도 및 사용 방법 등을 확인하는 중요한 단계로, 이는 위해도 평가와 위해 요소 한계기준을 결정하는 데 필수적인 자료가 된다.

④ 공정흐름도 작성

제조 · 가공 · 조리공정도, 공조 시설 계통도, 용수 및 배수 처리 계통도 등 원재료의 입고부터 출하까지 이르는 모든 공정 단계를 파악하여 공정흐름도를 작성한다. 또한 작업장의 구획, 배치, 작업자 이동 경로, 출입구, 창문 등을 나타내는 작업장평면도를 작성하는데, 이는 공정 과정 중의 위해 요소 교차 오염의 가능성을 파악하는 데 도움이 된다.

⑤ 공정흐름도 현장 확인

공정흐름도와 작업장평면도가 실제와 일치하는지 각 공정 단계별로 현장 검증을 하여 정확성을 유지하도록 해야 한다. 이는 추후 발생할 수 있는 위해 요소를 찾아내는 데 매우 유용하다. 현장 검증 결과, 변경이 필요한 경우에는 해당 공정흐름도 또는 작업장의 평면도를 수정하여 비치하도록 한다.

⑥ 위해 요소(HA) 분석

제품설명서, 공정흐름도, 작업장평면도 등에서 파악된 공정·단계별로 발생 가능한 위해 요소를 체크하여 목록화하고, 위해 요소별 제어 방법을 고려하여 위해평가를 한다. 또한 이를 바탕으로 각각의 위해 요소를 안전한 수준 또는 허용 가능한 수준으로 유지할 수 있는 예방적 조치 방법을 결정하고 위해 요소 분석표를 작성하도록 한다.

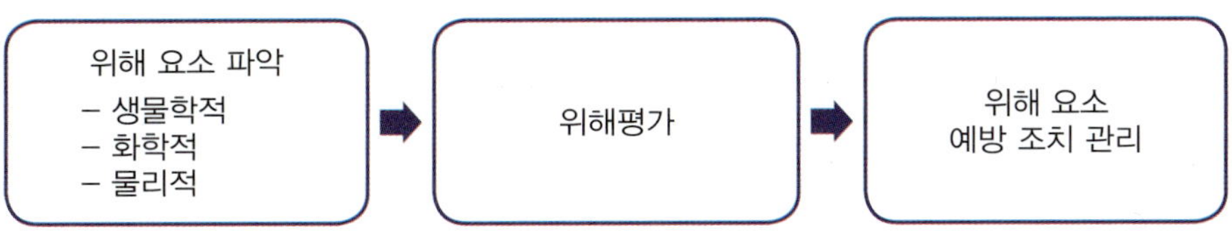

- 생물학적 위해 요소의 예방 조치
  - 원료의 미생물 검사, 보관, 가열, 포장 방법 등의 절차 준수 확인
  - 공기 중 식재료, 원재료 등의 노출 최소화
  - 관리자·작업자의 위생 상태 검사 및 위생 교육
  - 시설·설비의 세척, 소독 및 위생 상태 점검 등
- 화학적 위해 요소의 예방 조치
  - 원료의 성분 검사
  - 허가된 화학 물질 사용 및 허용 기준 준수 여부 확인

- 화학 물질 식별 표시, 보관 장소 · 방법 확인
- 화학 물질 취급자 교육 등

• 물리적 위해 요소의 예방 조치
- 원료의 육안 검사
- 금속 검출 기기 점검
- 시설 · 설비의 노후화 및 보수 상태 점검 등

⑦ 중요관리점(CCP) 결정

중요관리점은 위해 요소를 제어 · 예방 또는 허용 수준 이하로 감소시켜 제품의 안전성을 확보할 수 있는 중요한 공정이다. 원칙1의 생물학적 · 화학적 · 물리적 위해 요소 분석과 위해 평가 결과를 통해, 중점적으로 관리해야 하는 위해를 중요관리점으로 두고, 이 결과를 통해 예방 조치 방법을 어느 수준으로 관리할 것인가를 결정하고 CCP 결정표를 작성한다.

• 중요관리점(CCP) 예시
- 미생물 생장을 막는 최소한의 냉장 · 냉동 처리 공정
- 통조림의 충전, 밀봉 처리
- 식품첨가물, 세척제, 소독제 등의 올바른 사용 배합 공정
- 금속 이물 검출 공정 등

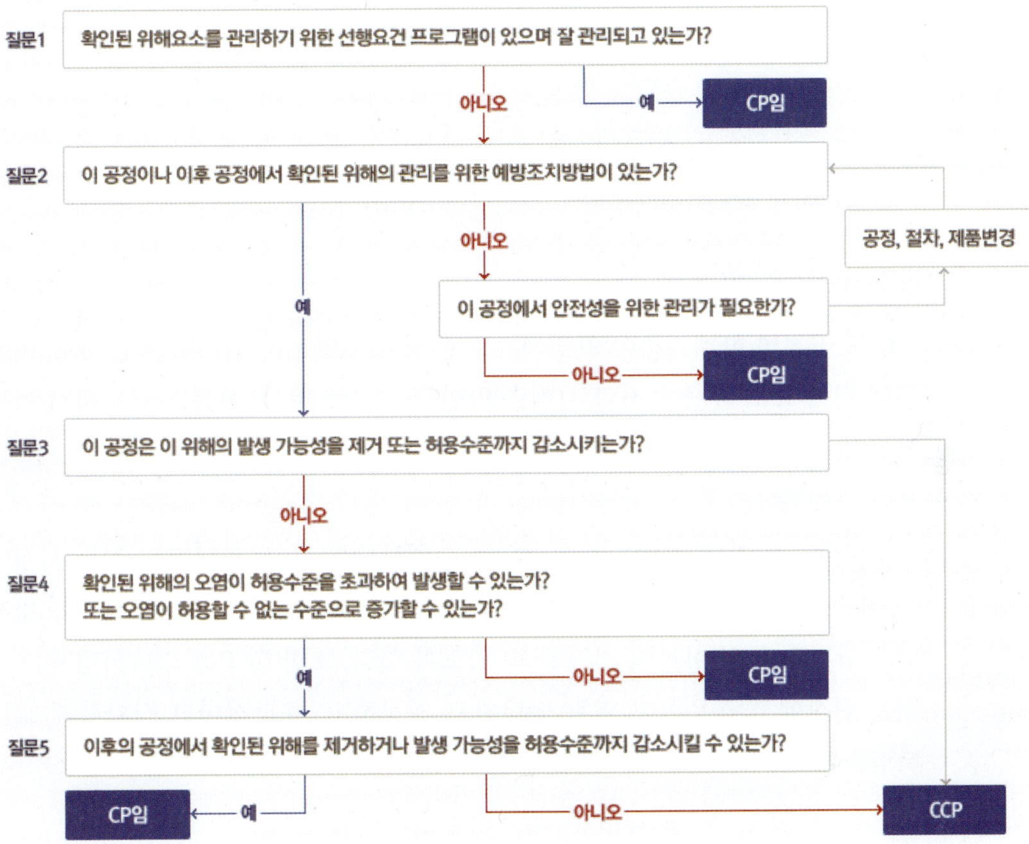

[그림 3-5] 중요관리점 결정도

출처: https://fresh.haccp.or.kr/haccp/introduction/haccpIntroduction.do?tp=7_8

⑧ CCP 한계기준 설정

공정별 중요관리점(CCP)에서의 생물학적 · 화학적 · 물리학적 위해 요소 관리가 허용 기준 이내인지 판단하는 기준을 한계기준이라 하고, 과학적인 근거를 바탕으로 설정하게 된다. 한계기준 설정은 가급적이면 현장에서 쉽게 관리될 수 있도록 신속한 방법, 간단한 측정, 모니터링 소요 비용 등을 감안하여 설정하는 것이 좋다.

- CCP 한계기준 관리 항목 예시
  - 육안 관찰
  - 온도, 시간, 습도
  - 수분활성도(*aw*), pH
  - 금속 검출기 감도 등

⑨ CCP 모니터링 체계 확립

CCP 공정별 한계기준이 안정적으로 운영되고 있는지 관리하는 단계로, 이를 통해 위해 요소 발생 지점과 시점을 확인할 수 있으며, 기록을 문서화하여 안전사고 발생 시 신속한 조치 수행 및 문제 발생 원인 파악에 대한 증빙 자료로 활용이 가능하다.

모니터링은 가급적이면 연속적으로 수행하도록 하고, 모니터링 기록 서식에는 제조 공정명, 중요관리점 번호, 한계기준, 모니터링 대상 · 방법 · 주기 · 날짜 및 담당자명 등의 항목이 기재될 수 있도록 한다. 또한 CCP를 모니터링하는 직원은 현장에서 근무하고 있는 담당자로 지정하고, 효과적이고 정확하게 모니터링을 할 수 있도록 교육 · 훈련을 받아야 한다.

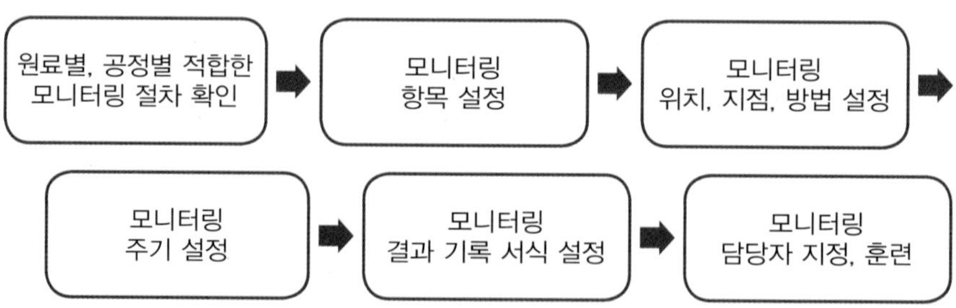

[그림 3-6] CCP 모니터링 흐름도

⑩ 개선 조치 방법 수립

모니터링 결과 한계기준을 벗어나는 상황을 대비하여, 신속한 대응책을 마련하기 위한 사전 개선 조치 방법을 설정하는 단계이다.

- 개선 조치 방법 설정 시 확인 사항 예시
  - 관리책임자와 모니터링 담당자 지정 여부
  - 한계기준 이탈 시 보고 체계 및 대상
  - 한계기준 이탈의 원인 확인 후 조치·복구 방법
  - 이탈 시 조치 작업에 대한 기록·유지 책임자 여부
  - 개선 조치 실행 일자 등

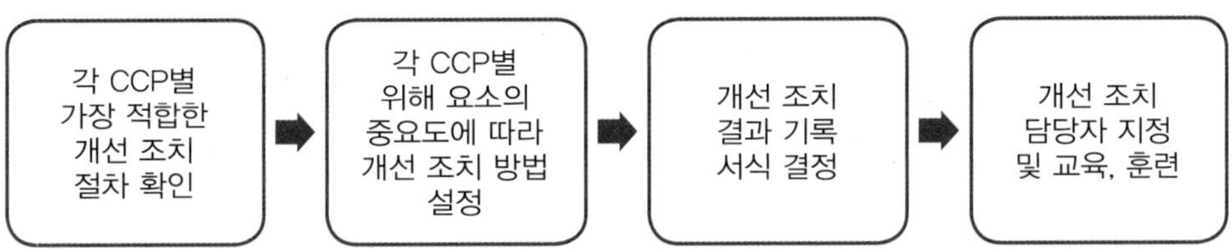

[그림 3-7] 개선 조치 확립 순서

⑪ 검증 절차 및 방법 수립

설정된 HACCP 시스템의 효율적 달성을 위해 HACCP 관리 계획에 따라 적절하게 수행되고 있는지 검증하고, 변경 필요성 여부를 확인하기 위한 단계이며, 유효성 평가와 실행성 검증이 여기에 해당한다. 즉, 유효성 평가는 각 원칙별 HACCP 계획이 제대로 수립되어 있는지를 과학적·기술적 자료 수집과 평가를 통해 검증하는 것이다. 실행성 검증은 모니터링 수행, 기준 초과 시 적절한 개선 조치 및 검사 장비의 주기적인 검·교정 등이 설계된 대로 이행되고 있는지를 확인하는 것이다. 검증의 종류는 검증 주체에 따라 내부·외부 검증으로 분류되고, 검증 주기에 따라 최초·일상·특별·정기검증 등으로 분류된다.

〈표 3-8〉 검증의 종류

검증 주체	내부검증	• 업체 자체적으로 검증원을 구성하여 실행하는 검증
	외부검증	• 제3자 또는 정부기관에서 실시하는 검증
검증 주기	최초검증	• HACCP 계획 수립 후 최초로 현장에 적용할 때 실시하는 유효성 평가
	일상검증	• 일상적으로 발생되는 HACCP 문서 기록에 대한 확인
	특별검증	• HACCP 계획 변경 시 • 설정된 한계기준의 오류 • 해당 제품과 관련된 새로운 안전성·위해 정보가 있을 때 등
	정기검증	• 연간 검증계획서에 따라 정기적으로 HACCP 시스템의 적절성 재평가

⑫ 문서화, 기록 유지 방법 설정

문서화는 HACCP의 운영 타당성을 확보하기 위한 필수 단계로, 필요한 내용(기록 시점, 기록 주기, 기록 담당자, 보관 기간, 보관 장소 등)을 쉽고 단순하게 통합하는 것이 바람직하며, 문서화한 이후 대표자에 의해 검토 또는 승인이 되어야 한다. 이를 통해 해당 작업장이 HACCP 시스템을 정확히 준수하여 수행하였음을 검증할 수 있다.

HACCP 관리 계획이 7원칙 12절차에 따라 수립이 되면 도표화하여 기록·관리를 하고, HACCP 팀원에게 교육·훈련하여 현장에 시범 적용을 통한 문제점 여부를 확인하도록 한다. 이러한 최초 검증 결과, 문제점이 발생하면 해결 방안을 도출하여 HACCP 관리 계획을 개선한 다음 본격적으로 HACCP 시스템을 도입하여 운영하고, 관할 지역 지방식품의약품안전청에 HACCP 적용 업체 인증 신청을 한다.

■ 식품위생법 시행규칙 [별지 제52호서식] <개정 2023. 5. 19.>

식품안전관리인증기준(HACCP)적용업소 인증(연장) 신청서

※ 첨부서류는 아래를 참고하시기 바라며, 색상이 어두운 난은 신청인이 적지 않습니다.

접수번호	접수일	발급일	처리기간	인증: 40일 연장: 60일

신청인	영업신고(등록) 번호		영업신고(등록) 연월일
	영업소명		전화번호
	소재지	본사	
		공장(사업장) ※ 집단급식소 중 위탁운영의 경우 그 이름과 소재지, 신고번호를 기재	
	대표자 성명		생년월일 (외국인의 경우 외국인 등록번호)
	HACCP팀장		생년월일

신청 내용	HACCP적용 식품명(유형)		인증번호	
	HACCP적용 품목별(유형) 1년간 생산실적			
	품목명	생산실적(단위: 천원)	품목명	생산실적(단위: 천원)
	품목명	생산실적(단위: 천원)	품목명	생산실적(단위: 천원)

「식품위생법」 제48조제3항・제48조의2제2항 및 같은 법 시행규칙 제63조제1항・제68조의2제2항에 따른 식품안전관리인증기준적용업소 인증 또는 인증 유효기간의 연장을 신청합니다.

년 월 일

신청인 (서명 또는 인)

인증기관의 장 귀하

첨부서류	「식품위생법」 제48조제1항에 따른 식품안전관리인증기준에 따라 작성한 적용대상 식품별 식품안전관리인증계획서(중요관리점의 한계 기준, 모니터링 방법, 개선조치 및 검증방법을 기술한 자체 계획서 등을 말합니다)	수수료 「식품위생법 시행규칙」 별표 26 제2호나목에 따라 한국식품안전관리인증원장이 정하는 금액

처리절차

신청서 작성 → 접수 → 서류검토 (HACCP 관리 계획서) → 현지 확인 및 평가 (HACCP 실시 상황 평가) → 판정 → 결재 → HACCP 적용업소 인증서 발급

신청인 / 법 제48조제12항에 따른 위탁기관 (HACCP 적용업소 인증 담당부서)

210mm×297mm[일반용지 60g/㎡(재활용품)]

[그림 3-8] 식품안전관리인증기준(HACCP) 적용업소 인증(연장) 신청서(예시)

■ 식품위생법 시행규칙 [별지 제53호서식] <개정 2017. 1. 4.>

□ 한글증명서

(앞쪽)

제　　　　호

식품안전관리인증기준(HACCP)적용업소 인증서

○ 대　표　자:　　　　　　　　(생년월일:　　　　　　　　)

○ 업　소　명:

○ 소　재　지:

○ 식 품 종 별:

○ 중요관리점:

○ 유효기간:　　년　월　일부터　　년　월　일까지

○ 조　　　건:

「식품위생법」 제48조제3항 · 제48조의2제3항 및 같은 법 시행규칙 제63조제3항 · 제68조의2제3항에 따라 식품안전관리인증기준적용업소로 인증합니다.

년　　　월　　　일

인증기관의 장　　직인

210㎜×297㎜[백상지 120g/㎡]

[그림 3-9] 식품안전관리인증기준(HACCP) 적용업소 인증서(예시)

6) HACCP 시스템 도입 효과

업체는 자율적이고 체계적인 위생 관리 시스템을 확립하고, 예상되는 위해요소를 과학적인 방법을 통해 제어함으로써 업무 효율성을 극대화할 수 있다. 또한 안전한 시설·설비를 통한 경제적 이익이 증대되며, HACCP 인증마크를 이용한 홍보 효과를 통해 회사의 경쟁력이 향상될 수 있다. 소비자 역시 안전한 식품 선택 및 소비가 가능해진다.

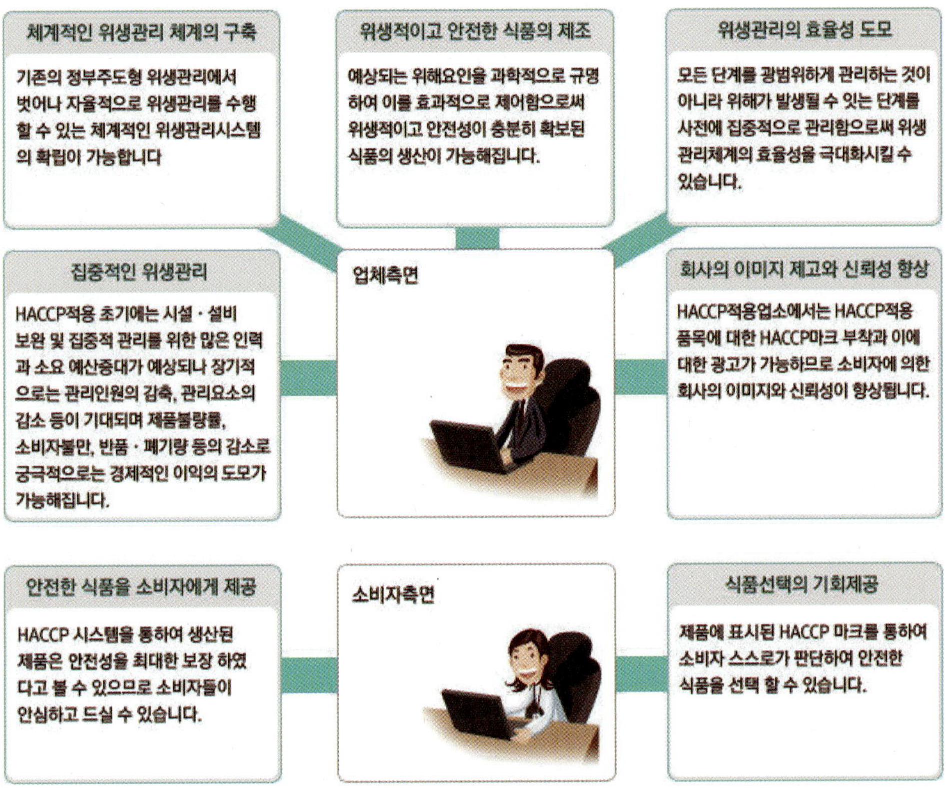

[그림 3-10] HACCP 도입 효과

https://fresh.haccp.or.kr/haccp/introduction/haccpIntroduction.do?tp=4

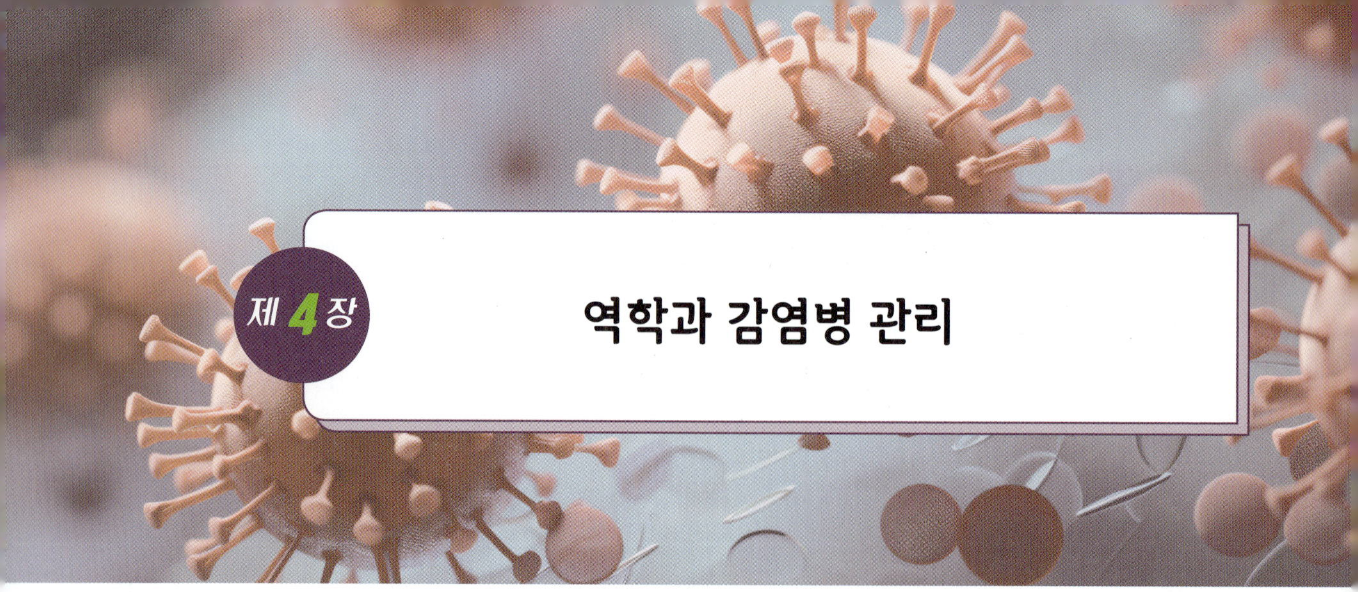

제 4 장 역학과 감염병 관리

1 역학

역학은 질병과 건강 관련 사건의 분포와 이들에 영향을 미치는 요인을 연구하는 학문이다. 인체뿐 아니라 동물의 건강 관리와 질병 예방에도 널리 적용되고 있다. 동물보건학에서 역학은 특정 질병이 어떤 동물 집단에서 어떤 형태로 나타나고, 왜 발생하며, 어떻게 예방·관리할 수 있는지 분석하는 근거가 된다. 집단 단위로 이루어지는 질병 발생 패턴을 조사하고, 그에 영향을 미치는 요인을 파악해 효율적인 대책을 세우는 데에도 활용된다.

1) 역학의 개념

(1) 역학의 목적

인간과 동물 집단의 건강 및 질병에 영향을 주는 요인에 관한 연구를 하는 학문으로, 특정 집단에서 발생한 이상 상태의 빈도와 분포를 지리적·시간적·인적 특성에 따라 기술하고, 역학적 연구 설계를 이용하여 이상 상태의 발생에 대한 영향 요인, 결정 요인의 연구 및 효과적인 예방 방안을 개발하여 인류의 건강을 증진하는 것이 역학의 목적이다. 이러한 목적을 5가지로 정리하면 다음과 같다.

역학의 5가지 목적

① 발생 원인이 알려진 질병의 기원을 조사하고 규명
② 기원이 알려지지 않은 질병을 조사하고 관리
③ 질병의 자연사와 치료에 따른 예후 확인 및 관리
④ 질병예방프로그램의 계획과 관리 대책의 효과 및 평가
⑤ 질병의 관리와 환경 문제 등의 대응 및 정책 수립의 기초 자료

(2) 역학의 유용성 및 활용과 역할

역학은 개인 수준의 진단과 치료를 넘어 집단 전체에서 발생하는 문제의 양상과 원인을 밝힌다는 점에서 유용하다. 질병의 분포를 파악하고 위험 요인을 찾으면, 제한된 예산과 인력을 효율적으로 활용할 수 있다. 또한 이렇게 도출된 역학 결과는 국가나 지역사회, 국제기구 등이 방역 정책을 세울 때 근거로 사용된다. 동물보건사로서도 임상 및 방역 현장에서 역학 자료를 해석하고 적용하는 역량이 중요하다.

역학 연구를 위한 접근은 질병이 무엇인지(what) 확인하고, 언제(when), 어디서(where), 누구에게(who), 어떻게(how) 발생하는지를 자세히 기술하는 것에서부터 시작한다. 그리고 해당 질병이 어떠한 변화를 거쳐 현재에 이르렀는지에 대해서도 알아보아야 한다. 즉, 역학적 접근법의 첫 번째는 기술역학이며, 건강 상태나 질병의 발생 양상을 알아보고, 누가(Who), 언제(When), 어디서(Where), 발생하였는지 파악하는 것이다. 두 번째는 분석역학으로, 원인과 인과 관계를 규명하여, 왜(Why), 어떻게(How) 질병이 발생하였는지를 분석하는 것이다.

역학의 유용성

① 질병 발생의 원인 규명
② 질병 발생과 유행의 감시 역할
③ 원인을 알지 못하는 질병의 조사와 관리
④ 보건 정책과 사업의 기획 및 평가 자료 제공
⑤ 질병의 생태와 자연사에 대한 정보 획득
⑥ 질병관리프로그램의 계획과 관찰 및 감시
⑦ 질병이 사회 및 경제에 미치는 영향을 평가하여 질병관리프로그램의 기획 및 분석

① 질병 예방을 위한 질병 발생의 병인과 그 발생을 결정하는 요인 규명

질병의 발생을 위해서는 발병을 일으키는 원인체, 질병 발생의 대상인 숙주, 그리고 원인체와 숙주 사이의 관계에 영향을 주는 환경이 함께 존재해야 한다. 이러한 삼각관계는 역학의 기본 원칙이며, 질병의 전염성 여부와는 관계없이 모든 질병에 적용되고 있다.

② 질병의 측정과 유행병 발생의 감시와 자연사 연구

질병의 발생 감시와 자연사에 대한 연구는 역학 연구에서 집단의 건강 문제의 크기를 추정하기 위해, 질병의 자연사를 이해하기 위해, 발병 및 전염병의 발생을 찾기 위해, 질병 상태의 분포를 문서화하기 위해, 질병 원인에 대한 가설을 확인하기 위해, 감염성 유기체의 변화를 모니터링하기 위해 필요하다.

③ 질병의 예방 관리 사업에 대한 기획과 평가 자료의 제공

역학 연구를 위해서 기술적 특성, 분석적 특성, 전략적 특성을 고려해야 하기 때문에 많은 시간과 비용이 들어간다. 그러므로 신중히 기획하고 사후 평가가 필요하다. 이러한 기획과 평가에서는 역학이 필수이다.

- 기술적 특성 : 언제, 어디서, 얼마나 발생을 했는지
- 분석적 특성 : 유발 원인과 그 원인의 기여도 찾기
- 전략적 특성 : 원인을 차단하여 예방 효과 확인하기

④ 임상적 현장 연구에 활용

임상 역학은 환자로부터 얻어낸 임상 자료에 역학적 연구 방법을 적용하여 질병으로 인한 문제를 해결하는 데 필요한 지식을 창출하는 것이다. 예를 들어, 기침과 호흡 곤란 환자들에서 공통으로 확인된 호흡기 감염 바이러스를 확인하고 그 바이러스에 대한 대책(마스크, 손 씻기 등)을 통해 해당 질환에 대한 대책을 세우는 것을 볼 수 있다.

2) 역학에서 질병 발생 모형

질병 발생 과정을 이해하기 위해서는 역학에서 사용되는 몇 가지 발생 모형을 살펴볼 필요가 있다.

(1) 역학적 삼각형 모형

가장 전통적인 모형은 '역학적 삼각형 모형'이다. 병인(agent), 숙주(host), 환경(environment) 세 가지 요소가 상호 작용해야 질병이 발현된다는 이론이다. 병원체가 가진 독성이나 침입력, 숙주의 감수성, 그리고 숙주를 둘러싼 환경적 특성이 조합되어야 실제 질병이 발생한다.

[그림 4-1] 삼각형 모형

병인

질병 발생을 일으키는 원인이며, ① 생물학적 인자(세균, 바이러스, 기생충, 곰팡이 등) ② 물리적·화학적 인자(계절, 대기, 수질, 기압, 일조량 등) ③ 아직 알 수 없는 무언가 등이 있다. 병인 인자는 단독으로 작용하기도 하지만, 대개 숙주의 면역 상태나 생활 습관, 환경 요인 등과 복합적으로 작용하여 질병을 유발한다. 예를 들어, 결핵은 결핵균이라는 생물학적 병인에 의해 발생하지만, 환자의 영양 상태, 주거 환경, 사회경제적 여건 등이 질병의 발생과 경과에 중요한 영향을 미친다.

(2) 거미줄 모형

'거미줄 모형'은 질병을 한 가지 원인으로만 설명하기 어렵다는 점에 주목한다. 거미줄처럼 복잡하게 얽힌 다양한 원인이 종합적으로 작용해 질병이 생긴다는 개념이다. 동물 사육 현장에서 스트레스, 영양, 사양 관리, 기후, 병원체 등 여러 요인이 동시에 작용하는 경우가 많으므로, 이러한 상황을 이해할 때 거미줄 모형이 유용하게 쓰인다.

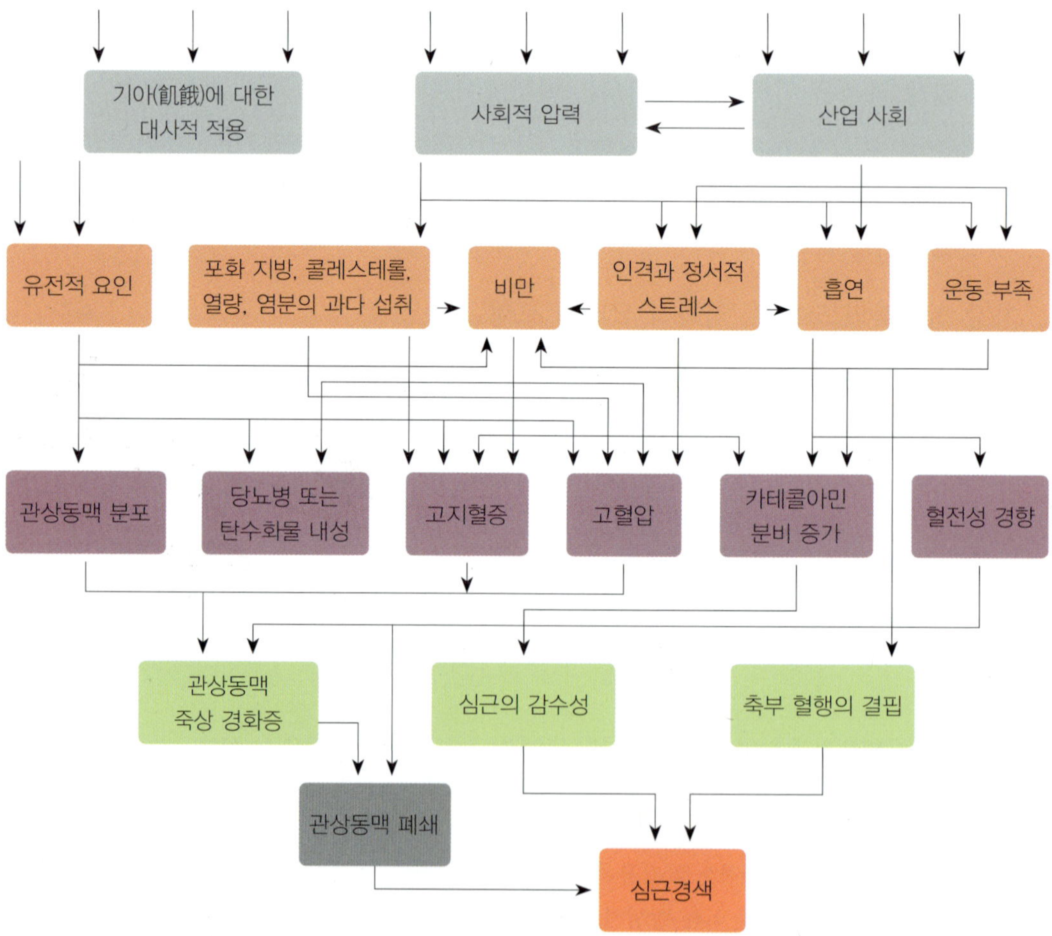

[그림 4-2] 거미줄 모형

출처: 이경무 외(2017). 환경보건역학.

(3) 수레바퀴 모형

'수레바퀴 모형' 역시 다원적 인과 관계를 강조한다. 중심부의 숙주 요인을 둘러싸고 생물학적 · 물리적 · 사회적 환경 요인이 연결되어 있는 구조이다. 숙주의 유전적 특성과 생리적 상태가 핵심이 되고, 이를 둘러싼 환경 요소가 다양한 방식으로 영향을 주어 질병이 나타난다고 본다. 같은 종의 동물이라도 품종, 사육 목적(반려 · 생산 · 전시 등), 생활 환경(사육 시설, 기후, 밀도 등)에 따라 질병 양상이 달라지므로, 개별 요인들을 통합적으로 파악할 때 수레바퀴 모형이 적합하다.

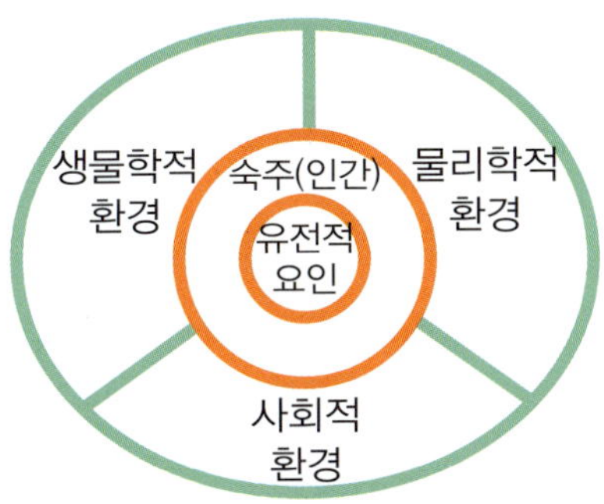

[그림 4-3] 수레바퀴 모형

3) 감염병의 발생

(1) 감염병의 발생 6단계

① 병원체

감염병의 원인이 되는 미생물이다. 바이러스, 세균, 곰팡이, 원충, 기생충 등 다양한 종류가 존재한다. 각각이 가진 병원성, 독력, 증식 방식 등에 따라 감염병의 양상과 전파 경로가 달라진다.

② 병원소

병원체가 자연적으로 서식 · 증식하며 생존할 수 있는 장소나 유기체를 의미한다. 감염된 동물(또는 사람), 환경(물 · 토양 등), 다른 매개체(곤충 등) 등이 대표적인 병원소가 될 수 있다. 병원소는 병원체가 일정 기간 머물고 증식하며, 외부로 전파될 수 있도록 준비하는 역할을 한다.

③ 탈출

병원체가 숙주(또는 병원소)를 떠나 외부로 배출되는 과정이다. 호흡기 분비물, 타액, 혈액, 오줌, 대변, 상처 분비물 등 다양한 경로를 통해 외부 환경으로 나간다. 탈출이 성공적으로 이루어져야 다음 단계인 전파가 가능해진다.

④ 전파

탈출한 병원체가 다른 숙주로 이동하는 과정을 말한다. 직접 접촉, 공기(비말), 물, 음식, 매개 곤충 등 여러 경로를 통해 전파될 수 있다. 감염병을 예방·관리하기 위해서는 이 전파 경로를 차단하거나 줄이는 것이 핵심적인 방역 전략이 된다.

⑤ 침입

전파된 병원체가 새로운 숙주의 체내로 들어가는 단계이다. 피부, 점막, 호흡기, 위장관, 비뇨생식기, 결막, 상처 부위 등 다양한 경로를 통해 침입한다. 침입에 성공해야 병원체가 숙주 내에서 증식하고 질병을 일으킬 수 있다.

⑥ 숙주

병원체에 감수성을 지닌 새로운 숙주를 말한다. 숙주의 면역 상태, 영양 상태, 스트레스 정도, 유전적 요인 등에 따라 감염이 실제 발병으로 이어질지, 경증에서 그칠지, 또는 무증상 상태로 지나갈지가 결정된다. 병원체가 숙주 내에서 생존·증식하며 질병을 유발하면 다음번 탈출 단계로 이어질 수 있고, 이로 인해 감염병이 반복·확산될 수 있다.

(2) 감염병 발생 전 주기 과정

감염병 발생 전 주기는 병원체가 숙주에 침투하여 증상이 발현되고, 다른 숙주로 전파되는 모든 과정을 시간순으로 구분해 이해하는 개념이다. 이 과정에서 역학적으로 중요한 시기들을 아래와 같이 정의한다.

① 잠복기(Incubation Period)

감염 시점부터 임상 증상이 나타나기 전까지의 기간이다. 병원체가 체내에서 증식하고 있으나, 겉으로는 특별한 증상이 없어 감염 여부를 쉽게 알아차리기 어렵다. 잠복기 길이는 병원체 종류와 숙주의 면역 상태 등에 따라 달라진다.

② 잠재 기간(Latent Period)

숙주가 감염되었지만 아직 다른 개체에 전염시킬 수 없는 시기를 말한다. 즉, 병원체가 체내에서 증식 중이라도 주변 환경으로 배출되어 전파될 수 있는 수준이 되기 전까지 기간을 가리킨다. 잠재 기간이 끝난 뒤부터 숙주는 본격적으로 전염력을 갖게 된다.

③ 균 발현 기간(patent period)

숙주 체내에서 병원체가 검출 가능한 형태로 나타나는 시기를 의미한다. 균 발현 기간 동안에는 혈액·분비물·배설물 등에서 병원체가 확인될 수 있으므로, 진단 검사나 역학 조사 시기에 중요한 기준이 된다. 잠재 기간이 끝나 숙주가 전염력을 갖게 되는 시점과 균 발현 기간이 겹치는 경우도 많다.

④ 전염 기간(Infectious Period)

숙주가 병원체를 외부로 배출해 다른 숙주에게 전파할 수 있는 시기이다. 전염 기간과 증상 발현 시기가 정확히 일치하지는 않는다. 무증상 감염자의 경우 증상이 없음에도 불구하고 전염력을 가질 수 있어, 방역 측면에서 위험 관리가 까다로운 요소로 작용한다.

⑤ 세대기(Generation Time)

1차 숙주(감염이 확인된 인덱스 케이스)가 감염된 시점부터 2차 숙주에게 감염이 일어나 임상 증상이 발현하기까지 걸리는 시간을 말한다. 감염병 확산 양상을 예측하고, 방역 전략(예: 격리 기간 설정, 접촉자 추적 검사 시기 결정)을 수립하는 데 중요한 지표로 활용된다.

위 단계들은 서로 겹쳐 나타나거나 순서가 조금씩 달라질 수 있지만, 감염병이 어떻게 시작되고 전파되는지를 전체적으로 이해하기 위해서는 각각의 개념을 구분해 파악하는 것이 중요하다. 동물보건 현장에서도 질병의 잠복기와 전염 기간을 정확히 알아야 적절한 격리 및 치료 계획을 세울 수 있으며, 세대기를 파악하면 질병 확산 속도와 전파 양상을 예측하는 데 도움이 된다.

(3) 감염병의 지표

감염병은 임상 증상이 전혀 나타나지 않은 채 감염이 되어 있는 불현성 감염, 임상 증상이 나타나는 현성 감염으로 구분할 수 있다. 감염성의 지표는 병원체가 어떤 숙주에게 질병을 일으키는 과정에서, 병원체가 지닌 여러 특성과 그 결과를 평가하기 위한 개념이다. 감염성, 병원력, 독력, 치명률은 이 중에서도 핵심적인 지표로 꼽힌다.

감염성(Infectivity)은 병원체가 숙주에 침투하여 실제 감염을 일으킬 수 있는 능력을 의미한다. 숙주의 피부나 점막, 호흡기, 소화기 등 다양한 경로로 병원체가 들어갔을 때, 얼마나 쉽게 체내에 정착하고 증식해 감염 상태를 만들어 내는지 평가하는 것이다. 감염성이 높을수록 비교적 소량의 병원체만으로도 감염을 일으킬 수 있으며, 이로 인해 전파력도 함께 높아질 가능성이 크다.

병원력(Pathogenicity)은 감염된 숙주에게 임상 증상을 유발하는 능력을 말한다. 감염자가 실제로 임상적 질환 상태에 이르게 되는 비율을 보여 주므로, 병원력이 높다는 것은 상당수의 감염자가 증상을 호소하거나 임상적으로 확진된다는 의미이다. 반대로 감염성이 높더라도 병원력이 낮은 병원체라면, 많은 숙주가 감염될 수 있지만 실제 발병으로 이어지는 사례는 적을 수 있다.

독력(Virulence)은 질병의 중증도를 결정하는 요인이다. 감염되어 임상 증상을 보이는 환자나 동물 중에서 얼마나 심각한 상태에 이르게 하는지, 혹은 얼마나 빠르게 건강이 악화되는지를 평가한다. 독력이 강한 병원체라면 같은 감염 상황에서도 심각한 합병증을 유발하거나 숙주의 기능을 급격히 손상시킬 가능성이 크다. 병원력이 발병 여부를 판단하는 기준이라면, 독력은 발병한 후 얼마나 증상이 심각하게 진행되는지를 나타내는 지표이다.

치명률(Fatality rate)은 질병에 걸린 개체 중에서 사망에 이르는 비율이다. 독력이 높아도 치명률이 낮을 수 있고, 독력이 중간 정도라도 숙주의 면역 상태나 환경 조건에 따라 치명률이 높아질 수 있다. 치명률은 감염병 관리에서 매우 중요한 지표로, 발병 시 사망 확률이 높으면 방역 정책에 우선순위를 두고 대책을 마련해야 한다는 의미가 된다.

이처럼 감염성, 병원력, 독력, 치명률은 병원체와 숙주가 상호 작용하는 과정에서 나타나는 결과를 서로 다른 측면에서 평가하는 지표들이다. 감염성은 전파 범위와 관련되고, 병원력과 독력은 임상 양상과 중증도에 집중하며, 치명률은 궁극적으로 질병이 개체군에 미치는 생존율 문제와 직결된다. 동물보건 분야에서는 이러한 지표들을 종합적으로 고려해 감염병의 위험도를 판단하고, 방역 및 예방 전략을 세우는 데 활용한다.

4) 건강 및 질병의 빈도 측정

건강 및 질병 빈도를 측정할 때 '비'는 두 수치 간의 상대적 크기를 나타내는 개념이다. 예컨대 남성 수와 여성 수가 있을 때, 남성 수를 여성 수로 나눈 값이 '비'에 해당한다. '비율'은 전체 집단 중 특정 현상을 가진 부분이 차지하는 비중을 가리킨다. 예를 들어, 어떤 질병에 걸린 동물 수를 전체 동물 수로 나눈 뒤, 그 결과를 1에 가까운 소수 형태로 표현하면 이는 '비율'이 된다. '율'은 비율에 시간 개념을 결합한 것으로, 주로 1년 동안 발생한 사건 수를 해당 기간 동안 관찰된 인구(또는 동물)수로 나누는 식으로 계산한다. 발병률, 사망률 등이 대표적 사례다. 마지막으로 '퍼센트(%)'는 이러한 비율 또는 율에 100을 곱한 값으로, 전체 대비 몇 퍼센트를 차지하는지를 한눈에 보여 준다.

(1) 역학에서의 빈도 측정

① 발생률(Incidence Rate)

일정 기간 동안 감수성이 있는 집단에서 새롭게 발생한 질병이나 사건의 빈도를 나타낸다. 보통은 발병 위험에 노출된 개체 수를 분모, 새롭게 질병이 발생한 개체 수를 분자로 계산한다. 시간 경과에 따른 질병 발생 양상을 파악하는 데 유용하며, 방역 대책이나 예방 프로그램의 효과를 평가할 때 참고된다.

② 유병률(Prevalence)

전체 집단 중에서 해당 질병을 앓고 있는 개체가 어느 정도 비율을 차지하는지 나타내는 지표이다. 시점유병률(Point Prevalence)은 특정 시점에서 질병을 보유한 개체 수를 전체 집단 수로 나눈 값이며, 기간유병률(Period Prevalence)은 일정 기간 동안 질병을 앓았던 개체 수(해당 기간 중 한 번이라도 보유한 경우)를 전체 집단 수로 나눈 값이다. 발생률과 유병률은 서로 밀접한 관계가 있다. 발생률이 높으면 그만큼 새로운 환자가 늘어 유병률에 영향을 미칠 수 있고, 질병의 회복 및 사망 속도에 따라서도 유병률이 달라진다.

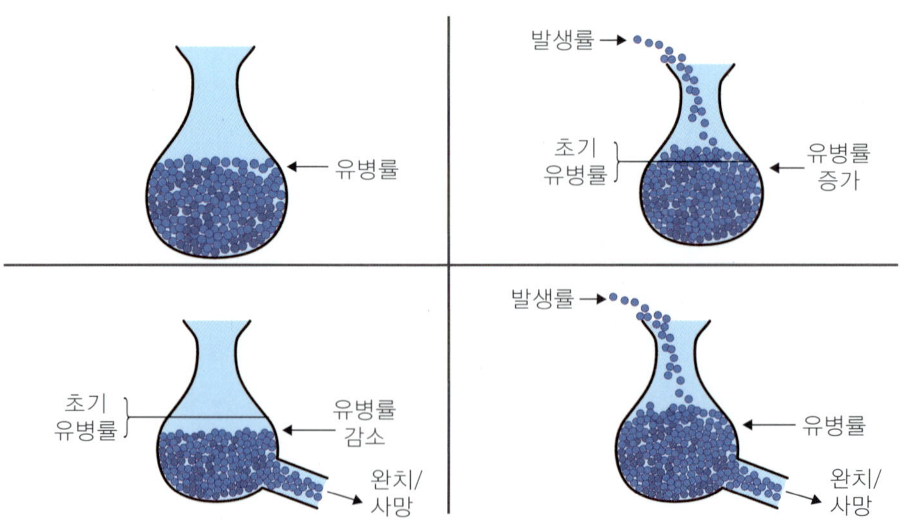

[그림 4-4] 발생률과 유병률의 관계

〈표 4-1〉 유병률에 영향을 주는 요인

감소하는 경우	증가하는 경우
• 질병의 이환 기간 단축 • 높은 치명률 • 신규 환자의 감소 • 질병이 없는 건강한 사람의 유입 • 환자 유출 • 완치율 상승	• 질병의 이환 기간 연장 • 완치율 감소(생존 기간만 연장) • 신규 환자의 증가 • 질병이 없는 건강한 사람의 유출 • 환자의 유입 • 진단 시설의 증가(질병의 보고율 증가)

③ 발병률(Attack Rate)

특정 상황에서 질병이 급속도로 전파될 때 새롭게 감염된 개체의 비율을 의미한다. 주로 음식물이나 특정 환경에 노출된 뒤 짧은 기간에 많은 개체가 발병하는 집단 발생(집단 식중독 등) 사례에서 사용되며, 노출된 개체 중 발병한 개체 수를 분자로 계산한다.

④ 사망률(Mortality Rate)

일정 기간 동안 전체 집단에서 사망한 개체 수를 기준으로 산출하는 지표이다. 여기에는 모든 원인이 포함될 수도 있고(총사망률), 특정 질병으로 인한 사망만을 대상으로 할 수도 있다(원인특이사망률). 해당 질병이 집단의 생존에 미치는 영향을 평가하는 데 쓰인다.

⑤ 치사율(Fatality Rate)

질병에 걸린 개체 중 사망에 이르는 비율을 말한다. 병원성이나 숙주의 대응능력, 치료·관리 수준 등에 따라 달라지며, 질병의 중증도를 판단하거나 임상적 위험도를 평가하는 데 도움이 된다. 같은 질병이라도 치사율이 높으면 해당 질병을 우선적으로 관리할 필요성이 커진다.

5) 진단의 정확성과 신뢰성

동물보건 분야에서는 질병을 정확하게 진단하고, 그 결과를 지속적이고 일관되게 재현해 내는 것이 핵심 과제이다. 진단이 부정확하거나 신뢰성이 떨어지면 치료와 예방 조치가 적절한 시점에 이루어지지 못해 질병이 악화되거나 전파될 위험이 커진다. 또한 잘못된 진단으로 불필요한 치료를 시행하거나, 반대로 적절한 치료 시기를 놓칠 가능성도 높아진다. 따라서 현장에서 사용하는 진단 도구와 검사 방법의 정확도와 신뢰도를 확보하는 것은 동물 개인의 건강 유지뿐 아니라 개체군 전체의 감염병 관리와 방역에도 결정적인 역할을 한다.

(1) 정확도

정확도(Accuracy)를 구성하는 주요 지표로는 민감도, 특이도, 예측도가 있다.

① 민감도(Sensitivity)

실제로 질병이 있는 개체 중에서 검사 결과가 양성으로 나타나는 비율을 말한다. 값이 높을수록 질병이 있는 개체를 놓치지 않고 포착하는 능력이 뛰어나다고 볼 수 있다. 즉, 위음성(false negative)을 줄이는 데 중요한 지표이다.

② 특이도(Specificity)

실제로 질병이 없는 개체 중에서 검사 결과가 음성으로 나타나는 비율이다. 값이 높을수록 질병이 없는 개체를 양성으로 잘못 진단하는 오류(위양성, false positive)를 감소시킬 수 있다.

③ 예측도(Predictive Value)

검사 결과를 바탕으로 실제 질병 유무를 얼마나 정확하게 예측할 수 있는지를 나타내는 개념이다. 흔히 양성예측도(Positive Predictive Value)와 음성예측도(Negative Predictive Value)로 나뉜다.

- 양성예측도: 검사에서 양성이 나온 개체 중 실제로 질병이 있는 개체의 비율
- 음성예측도: 검사에서 음성이 나온 개체 중 실제로 질병이 없는 개체의 비율

민감도와 특이도는 검사 자체의 성능을 나타내고, 예측도는 이 검사 결과가 실제 질병 상태와 어떻게 부합하는가를 평가한다. 검사 결과를 현장에서 해석

할 때는 검사에 참여한 집단의 질병 유병률, 검사 도구의 특성 등을 종합적으로 고려해야 정확하고 효율적인 판단을 내릴 수 있다.

(2) 신뢰도

신뢰도(Reliability)는 동일한 검사나 측정 과정을 반복했을 때, 결과가 얼마나 일관되고 재현성 있게 나타나는지를 평가하는 개념이다. 즉, 검사나 측정 도구를 같은 환경이나 같은 대상에게 여러 차례 적용하더라도 결과가 비슷하게 나오는지 여부를 확인한다. 신뢰도가 높으면 결과 해석이 안정적이어서 현장에서 치료·관리 방침을 결정할 때 혼란이 줄어든다.

신뢰도에 영향을 주는 대표적인 요인은 다음과 같다.

- 관찰자(검사자) 간 변이(Inter-observer reliability): 여러 관찰자나 검사자가 같은 사례(동물·시료)를 평가했을 때, 서로 동일한 결과를 내놓는지를 확인한다. 숙련도의 차이, 검사 방법의 숙지 정도, 주관적 해석 등이 다르면 결과에 차이가 날 수 있다.
- 관찰자(검사자) 내 변이(Intra-observer reliability): 같은 관찰자나 검사자가 같은 사례를 여러 번 평가했을 때 결과가 얼마나 일치하는지를 본다. 검사자가 시간이 지날수록 숙련도가 달라지거나, 특정 요인(피로, 환경 변화 등)에 의해 해석이 달라지면 측정값이 변동될 수 있다.
- 검사-재검사 신뢰도(Test-retest reliability): 동일한 검사를 같은 대상에게 어느 정도 시간 간격을 두고 반복 시행했을 때, 결과가 안정적으로 유지되는지 살펴본다. 대상의 상태 변화나 외부 환경 차이 등을 고려해도 측정 자체의 재현성이 높다면 신뢰도 역시 높다고 할 수 있다.

신뢰도가 높다고 해서 항상 '정확도'가 높다는 뜻은 아니다. 예를 들어, 검사 결과가 매번 동일하게 나오더라도 실제 질병 상태와 맞지 않다면(위양성 혹은 위음성이 발생한다면), 이는 높은 신뢰도를 갖춘 '부정확한' 검사에 해당한다.

따라서 정확도(민감도, 특이도, 예측도)와 신뢰도는 서로 다른 개념이지만, 둘 다 질병 진단 도구로서 갖추어야 할 핵심 요소이다.

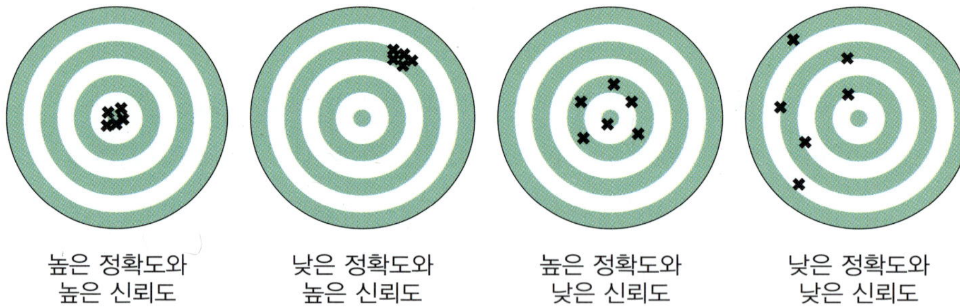

[그림 4-5] 정확도와 신뢰도

〈표 4-2〉 민감도와 특이도

		질병 유	질병 무		
검사 결과	양성	a 진양성	b 가양성	a+b	양성 검사 예측치=a/a+b
	음성	c 가음성	d 진음성	c+d	음성 검사 예측치=d/c+d
		a+c	b+d		정확도=a+d/a+b+c+d
		민감도=a/a+c	특이도=d/b+d		유병률=a+c/a+b+c+d

- 민감도(Sensitivity) : 진짜 양성을 양성으로 판정하는 율
- 특이도(Specificity) : 진짜 음성을 음성으로 판정하는 율
- 예측도(Predictive Value) : - 검사 양성을 양성으로 판정된 것 중 진짜 양성률
  - 검사 음성을 음성으로 판정된 것 중 진짜 음성률

6) 역학 조사

역학 조사는 특정 질병이나 보건 문제의 원인을 규명하고, 그 분포 양상과 전파 경로를 파악하기 위해 체계적으로 정보를 수집·분석하는 과정을 말한다. 현장에서 실제로 발생하는 감염병이나 건강 관련 문제를 관찰하고, 질병 발생 원인과 위험 요인을 과학적으로 추적해 효율적인 예방·관리 대책을 마련하고자 할 때 활용된다.

동물보건 분야에서도 예기치 못한 감염병이 발생했을 때, 발병 상황을 신속히 파악하고 주요 원인 인자와 전파 양상을 밝혀내야 한다. 이를 위해서는 질병 발생 시점과 지역, 연령군이나 품종 등 동물 집단의 특징, 잠재적 감염 경로 등을 체계적으로 수집·정리한 뒤, 통계학적·역학적 기법을 동원해 분석한다. 이러한 일련의 절차가 바로 역학 조사의 핵심이며, 향후 동일 혹은 유사한 상황이 재발하지 않도록 방지 대책을 세우는 토대가 된다.

역학 조사는 크게 기술역학과 분석역학으로 나누어 진행되며, 우선 발생 현황과 특징을 기술적으로 서술한 뒤, 추가적으로 추론적 방법을 이용해 위험 요인이나 인과 관계를 밝혀낸다. 이를 통해 질병의 분포와 그 이면에 존재하는 원인을 명확히 파악하고, 결과에 근거한 방역 전략을 수립할 수 있다.

(1) 기술역학

기술역학은 특정 질병이나 보건 문제가 언제, 어디서, 어떤 집단에서, 얼마나 발생하고 있는지를 서술적으로 파악하는 분야이다. 질병 발생 빈도와 분포 양상, 환자(또는 감염된 개체)의 기본적인 특징 등을 체계적으로 기록하고 관찰하는 데 초점을 맞춘다. 이를 위해 시간적 분포(계절성, 발생 시기 등), 장소적 분포(지역, 사육 환경 등), 인구학적(또는 집단학적) 특성(품종, 나이, 성별 등)을 종합적으로 살펴본다.

기술역학은 질병 발생의 '어디서, 언제, 누구에게, 얼마만큼'이라는 질문에 집중하기 때문에, 추후 분석역학 과정을 진행하기 전에 필수적으로 거쳐야 할 기초 단계로 여겨진다. 기술역학으로부터 얻어진 분포 특성과 패턴을 토대로 질병의 원인을 추측하고, 위험 요인이 무엇인지 탐색할 수 있다. 즉, 발생 현상을 먼저 묘사하고 정리해야, 이후에 보다 구체적인 인과 관계 분석과 예방 전략 수립이 가능해진다.

① 상관연구(Correlation Study)

인구 집단 단위에서 특정 위험 요인(예: 환경적 요인)과 질병 발생 빈도 간의 상관관계를 통계적으로 파악하는 연구이다. 국가, 지역, 시설 등 집단별 통계 자료를 활용하므로 대규모 자료를 상대적으로 간단하게 분석할 수 있다는 장점이 있다. 다만, 개별 수준에서의 정확한 인과 관계를 밝혀내기 어렵고, 집단 단위 자료를 개별 수준으로 바로 적용할 때 생기는 생태학적 오류(Ecological fallacy)가 발생할 위험이 있다.

② 사례 보고와 사례군 보고(Case Report & Case Series)

특이하거나 드문 질병 사례를 기술적으로 정리하여 공유하는 형식이다. 사례 보고는 보통 단일 환자나 개체에 집중하여 임상 증상, 발병 경과 등을 자세히 기록하고, 사례군 보고는 유사한 특성을 지닌 다수 사례를 묶어 보고한다. 대조군이 없어 통계적 비교는 제한적이지만, 새로운 질병이나 원인을 추정하는 단서를 제시하고 향후 연구 방향을 설정하는 데 기여한다.

③ 단면연구(Cross-sectional Study)

특정 시점에 모집단을 조사해, 질병 유병 상태와 잠재적인 위험 요인 노출 수준을 동시에 측정하는 연구이다. 짧은 기간에 많은 정보를 얻을 수 있어 설계와 시행이 비교적 간단하고 경제적이다. 유병률과 위험 요인의 분포를 한꺼번에 파악할 수 있으나, 단 한 시점에서 수행되므로 원인과 결과의 시간적 선후 관계를 확인하기 어려워 인과 관계 추론에는 한계가 있다.

(2) 분석역학

분석역학은 기술역학을 통해 파악한 질병 분포 양상과 특성을 바탕으로, 그 질병을 유발하거나 악화시키는 위험 요인과 인과 관계를 보다 심층적으로 밝혀내기 위한 연구 접근법이다. 단순히 질병이 '언제, 어디서, 얼마나, 누구에게' 발생했는지 기술하는 데에서 나아가, 왜 이런 결과가 나타났는지, 어떤 요인이 질병 발생에 직접 영향을 주는지 파악하고자 한다. 이를 위해 대조군과 비교하거나, 다른 변수의 영향을 통제할 수 있는 연구 설계를 활용한다.

분석역학에서는 통상적으로 코호트 연구(Cohort Study)와 환자-대조군 연구(Case-Control Study)가 대표적인 관찰연구 설계로 꼽힌다. 코호트 연구는 위험 요인에 노출된 집단과 노출되지 않은 집단을 일정 기간 추적 관찰하며 질병 발생률을 비교한다. 환자-대조군 연구는 이미 질병이 발생한 집단(환자군)과 발생하지 않은 집단(대조군)을 선정해 과거의 위험 요인 노출 여부를 조사하는 방식이다.

이런 연구 설계를 통해 '어떤 요인이 질병 발생과 관련이 높은지'를 통계적으로 검증하고, 위험비(RR), 교차비(OR) 등을 산출해 질병과 원인 인자 간의 연관성을 수치화한다. 또한 연구 과정에서 교란 변수(Confounding factor)를 적절히 통제해 실제로 질병 발생에 영향을 준 요인을 선별한다. 이는 정확한 근거를 토대로 방역 대책과 예방 정책을 수립하는 데 활용된다.

즉, 분석역학은 질병의 원인과 경로를 체계적으로 파악해 과학적 근거를 마련하고, 이를 통해 맞춤형 예방과 관리 방안을 제시하는 데 필수적인 도구로 자리 잡고 있다. 동물보건 영역에서도 중요한 질병에 대해서는 심층적인 분석역학 접근을 통해 위험 요인을 밝혀내고, 이를 근거로 사육 환경 개선이나 백신 전략 수립, 교육·홍보 활동에 반영한다.

① 코호트 연구(Cohort Study)

특정 집단을 대상으로 위험 요인(예: 특정 감염원, 사양 환경, 유전적 특성 등)에 노출된 그룹과 노출되지 않은 그룹으로 나누어, 일정 기간 동안 질병 발생 여부를 추적·관찰하는 연구 설계이다. 시작 시점에서 질병이 없는 개체들을 선별하고, 이후 질병 발생률을 비교함으로써 위험 요인이 실제 질병 발병에 미치는 영향을 파악한다. 비교적 대규모 집단을 장기간 추적해야 하므로 시간과 비용이 많이 들지만, 원인과 결과의 시간적 선후 관계를 명확히 확인할 수 있다는 장점이 있다. 또한 상대위험도(Relative Risk, RR)를 산출해 위험 요인에 노출된 경우와 그렇지 않은 경우 사이의 발병률 차이를 정량적으로 보여 준다.

코호트 연구는 위험 요인에 노출된 집단과 노출되지 않은 집단을 비교해, 일정 기간 동안 질병이 얼마나 발생하는지 추적·관찰함으로써 그 위험 요인이 실제 발병에 어떤 영향을 미치는지 파악하는 연구 설계이다. 코호트 연구는 데이터 수집 시점과 관찰 시점의 관계에 따라 전향적 코호트 연구(Prospective Cohort Study)와 후향적 코호트 연구(Retrospective Cohort Study)로 구분된다.

가. 전향적 코호트 연구(Prospective Cohort Study)

- 연구 시작 시점에서 아직 질병이 없는 대상(개체나 인구 집단)을 선정한다.
- 위험 요인(노출 여부, 생활 습관, 사육 환경 등)을 미리 확인하고 기록한 뒤, 일정 기간 동안 질병 발생을 추적·관찰한다.
- 시간적 흐름이 '노출 → 발병 여부 관찰' 순서대로 진행되므로, 원인과 결과의 선후 관계가 명확하다.
- 대규모 집단을 장기간 추적해야 할 수도 있어 비용과 시간이 많이 들지만, 자료의 신뢰도가 비교적 높고, 혼동변수(Confounding factor)에 대한 통제나 추가 정보 수집이 용이하다.

나. 후향적 코호트 연구(Retrospective Cohort Study)

- 이미 과거에 수집된 의료 기록·사육 기록·통계 데이터 등을 활용해, 과거 위험 요인 노출 상태와 현재 혹은 추후 시점의 질병 발생 상황을 비교·분석한다.
- 연구를 시작할 때 연구자가 과거 노출 기록과 발병 결과를 모두 확보하고 있으므로, 전향적 연구보다 짧은 기간 내에 결과를 도출할 수 있다.

- 과거에 이미 축적된 자료를 활용하기 때문에 상대적으로 비용과 시간이 적게 들지만, 기존 자료가 연구 목적에 맞게 체계적으로 수집되지 않았을 경우(예: 기록 누락, 정밀도 부족), 정보 편향(Information bias)이 발생할 위험이 있다.
- 위험 요인과 질병 발생 간의 시간적 선후 관계가 전향적 연구만큼 명확하지 않을 수 있으므로, 해석할 때 주의가 필요하다.

두 형태 모두 코호트 연구의 기본 구조(위험 요인 노출 집단과 비노출 집단을 비교)는 동일하지만, 자료 수집 시점과 방식에 따라 장단점이 달라진다. 연구 목적, 가용 자원, 자료 접근성 등을 고려해 전향적 혹은 후향적 접근을 선택하거나, 상황에 따라 두 방법을 혼합해 활용하기도 한다.

② 환자-대조군 연구(Case-Control Study)

이미 질병이 발생한 집단(환자군)과 발생하지 않은 집단(대조군)을 선정한 뒤, 두 집단의 과거 위험 요인 노출 여부를 역으로 추적·조사하는 연구 설계이다. 질병에 걸린 집단과 걸리지 않은 집단 간 위험 요인에 대한 노출 빈도를 비교해, 해당 요인이 실제로 질병 발생과 연관이 있는지 평가한다. 상대적으로 단기간에 시행할 수 있어 효율적이지만, 과거 노출 정보를 정확히 수집하기 어려운 기억편향(Recall Bias)이나 선택편향(Selection Bias)이 발생할 수 있다는 한계가 있다. 통계 분석 결과로 교차비(Odds Ratio, OR)를 주로 활용한다. OR이 1보다 크면 해당 위험 요인과 질병 간에 양의 연관성이 있음을 시사한다.

2 질병 관리

질병은 생체나 정신 기능에 이상이 생겨 신체적·정신적·사회적 안녕 상태가 저해되는 것을 의미한다. 단순히 병원체나 손상 요인이 몸을 침범해 발생하는 문제로만 보기보다, 유전적·환경적·사회적 요인 등 다양한 인자가 복합적으로 작용해 발현되는 상태로 이해할 수 있다. 특히 공중보건학에서는 질병을 개별 환자나 동물 한 마리의 건강 문제를 넘어, 집단과 사회 전체에 영향을 미치는 현상으로 바라본다.

공중보건학적 관점에서는 질병을 '예방과 관리가 필요한 공중 차원의 과제'로 인식한다. 개인의 생활 습관과 면역 상태는 물론, 주변 물리적·사회적 환경, 경제적 여건, 문화적 배경 등이 질병 발생에 밀접하게 영향을 미친다. 따라서 개인 치료만으로는 사회 전체의 질병 부담을 충분히 줄이기 어려우며, 지역사회·국가·국제기구 등 여러 주체가 협력해 환경 개선, 예방 접종 확대, 영양 및 위생 수준 향상, 방역 활동 등 체계적인 대응책을 마련해야 한다. 또한 질병이 발생했을 때는 그 질병이 어떤 경로로 전파되고, 어떤 집단에 특히 취약성이 높은지 정확히 파악해 방역 및 관리 전략에 반영하는 것이 필수적이다.

결국 공중보건학에서는 질병을 여러 차원에서 종합적으로 접근하며, 예방과 관리, 건강 증진을 위한 정책과 제도를 설계할 때 핵심 요소로 삼는다. 이를 통해 개인의 건강 문제를 넘어 사회 전체의 건강을 향상시키고, 궁극적으로 질병 부담을 줄이고 생활의 질을 높이는 것을 목표로 한다.

1) 질병 발생

질병 발생의 역학적 삼각형(역삼각형 모형) 이론은 질병이 단일 원인(예: 특정 병원체)만으로 발생하지 않고, 여러 요소가 상호 작용하여 발병한다는 점을 보여 주는 대표적인 개념이다. 전통적으로 세 가지 주요 요소를 병원체(agent), 숙주(host), 환경(environment)으로 구분하여 하나의 삼각형 형태로 제시한다.

① 병원체(agent): 바이러스, 세균, 기생충, 곰팡이 등 질병을 일으키는 직접적인 인자를 말한다. 병원체의 독성, 증식력, 전염성 등이 질병 발생의 중요한 변수로 작용한다.

② 숙주(host): 병원체에 감염될 수 있는 유기체, 즉 동물(또는 사람)이다. 숙주의 면역 상태, 연령, 영양 상태, 유전적 소인 등이 병원체의 침입과 질병

발현 정도에 영향을 준다.

③ 환경(environment): 숙주와 병원체가 상호 작용하는 물리적·생물학적·사회적 환경 전반을 의미한다. 기온, 습도, 사육 시설 조건, 밀도, 위생 상태, 스트레스 요인 등 다양한 요소가 숙주와 병원체 간 균형을 변화시켜 질병 발생에 기여한다.

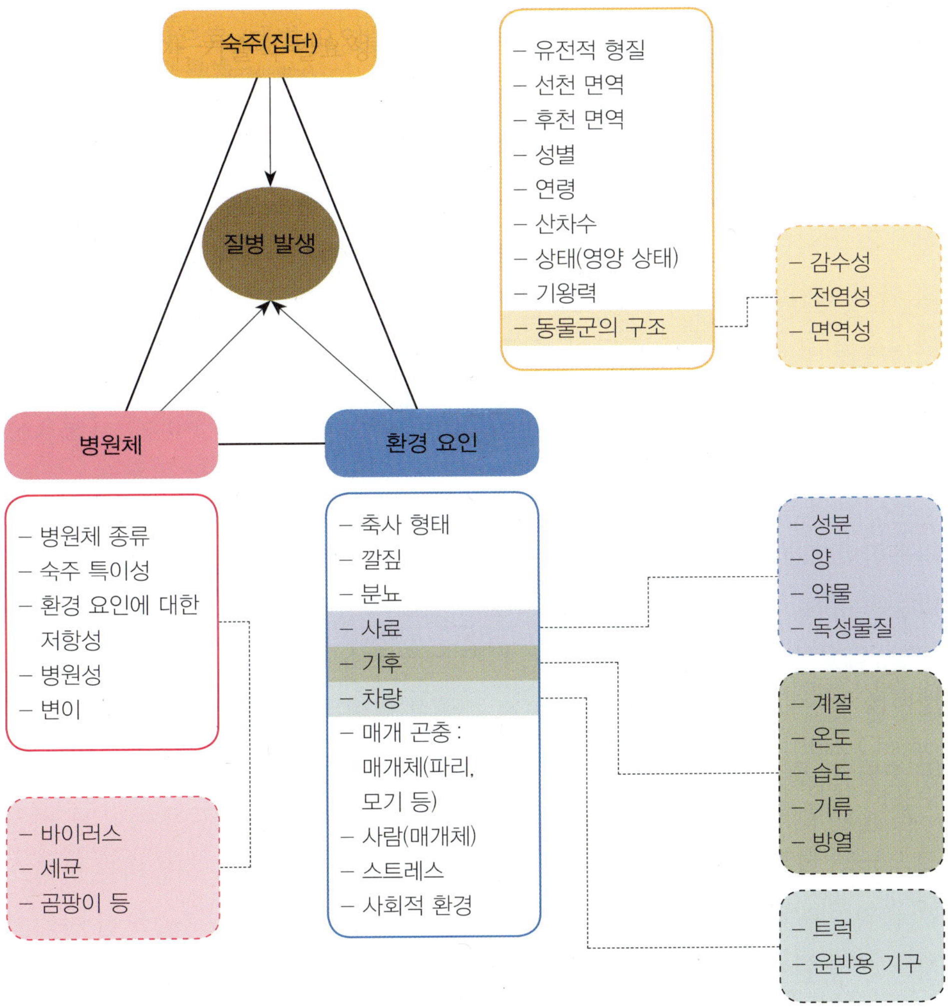

[그림 4-6] 동물의 질병 발생과 관련된 요인

출처: 가축위생방역지역본부(2021). 가축 전염병의 이해.

이 삼각형 구조를 통해 질병 발생을 이해하면, 질병이 단순히 '병원체만 강하면 나타난다'거나 '숙주만 약하면 생긴다'라는 식이 아니라, 병원체와 숙주, 환경이 서로 맞물려야 실제로 발병한다는 사실을 알 수 있다. 예를 들어, 병원체가 강력해도 숙주가 충분히 면역력이 높고, 환경 관리가 잘 되어 있으면 발병 위험이 낮다. 반면 숙주가 면역력이 떨어지고, 환경이 위생적이지 않다면 약한 병원체라도 쉽게 질병을 일으킬 수 있다.

(1) 질병 발생과 감염병 유행의 생태학적 개념

감염병 유행의 생태학적 개념은 병원체, 숙주, 환경이 상호 작용하는 과정에서 특정 조건이 갖춰졌을 때 집단 전체에 질병이 급속도로 확산하고 유지되는 현상을 의미한다. 병원체의 전파력과 숙주의 감수성, 물리적 · 생물학적 · 사회적 환경 요인이 서로 맞물릴 때 유행이 일어난다. 예를 들어, 병원체가 높은 감염성을 갖고 있고, 숙주 집단이 충분한 면역을 확보하지 못했으며, 사람 또는 동물 개체가 밀집된 환경에 놓여 있다면, 질병 전파가 더욱 원활해져 큰 규모의 유행으로 이어질 가능성이 크다.

생태학적 관점에서는 병원체와 숙주가 하나의 생태계 내에서 끊임없이 상호 작용한다고 본다. 병원체는 숙주 내에서 증식해 전파 경로를 찾고, 숙주는 면역 반응을 통해 이를 방어하려 하며, 환경은 양측이 만날 조건을 제공한다. 날씨나 계절, 위생 수준, 사육 밀도, 이동 경로 등의 환경적 변수도 유행 발생과 지속에 영향을 준다. 또한 유행이 진행되면서 감염과 면역이 축적되어 숙주 집단 내 감수성 분포가 변하고, 그 결과 유행의 규모와 지속 기간이 달라지기도 한다.

결국 감염병 유행은 단순히 '강력한 병원체가 나타났기 때문'이 아니라, 병원체 · 숙주 · 환경이라는 삼각관계가 특정 시점에서 동적 균형을 깨뜨리는 방향으로 움직였을 때 발생한다. 이러한 생태학적 이해를 기반으로, 공중보건 차원에서는 유행 원인을 다각도로 분석하고, 환경 개선, 백신 접종, 격리 및 차단 방역, 면역 증강 등 포괄적인 대응 전략을 수립해야 한다.

(2) 감염병의 성립 6단계

감염병이 성립한다는 것은 병원체가 숙주에 성공적으로 도달해 증식을 시작하고, 다른 개체에도 전파될 수 있는 일련의 과정을 의미한다. 이를 큰 흐름에서 여섯 단계로 나누어 이해하면, 감염병 발생 및 확산 양상을 체계적으로 파악할 수 있다.

① 병원체(Pathogen): 감염병을 유발하는 원인 인자이다. 바이러스, 세균, 곰팡이, 원충, 기생충 등 다양하며, 각각의 독성 · 전염성 · 환경 내 생존 기간이 다르다. 병원체의 특성이 감염병 전파 양상과 중증도를 결정하는 중요한 열쇠가 된다.

② 병원소(Reservoir): 병원체가 서식 · 증식하며 생존할 수 있는 장소나 유기체를 말한다. 이미 감염된 동물(또는 사람), 물 · 토양 등 자연환경, 곤충 등의 매개체가 대표적인 병원소로 꼽힌다. 병원소는 병원체가 외부로 탈출해 다른 숙주로 옮겨가기 전, 머물고 번식하는 근거지가 된다.

③ 탈출(Portal of Exit): 병원체가 병원소나 감염된 숙주의 체내에서 외부로 배출되는 경로와 과정을 의미한다. 호흡기 분비물, 침, 혈액, 배설물, 피부 상처 등의 형태로 탈출할 수 있으며, 성공적인 탈출이 이루어져야 다음 단계인 전파가 가능해진다.

④ 전파(Mode of Transmission): 탈출한 병원체가 또 다른 숙주로 이동하는 과정이다. 직접 접촉, 공기(비말 · 에어로졸), 물, 음식, 매개 곤충 등을 통해 이루어진다. 전파가 원활해질수록 감염병이 빠른 속도로 확산하기 때문에 방역 대책에서는 이 단계에서의 차단이 핵심 과제가 된다.

⑤ 침입(Portal of Entry): 병원체가 새 숙주의 체내로 들어가는 단계이다. 호흡기, 위장관, 피부 상처, 점막 등 다양한 경로를 통해 침투한다. 침입에 성공해야 병원체가 숙주 내에서 증식해 질병을 일으킬 수 있다.

⑥ 숙주(Susceptible Host): 병원체에 감염될 수 있는 감수성을 지닌 개체이다. 숙주의 면역 상태, 영양 상태, 스트레스, 유전적 요인 등이 병원체 감

염 여부와 질병의 중증도를 결정짓는다. 숙주 내에서 병원체가 증식하면 다시 탈출 과정을 통해 다른 감수성 숙주에게 전파될 수 있으며, 이로써 감염병이 순환·유행할 가능성이 높아진다.

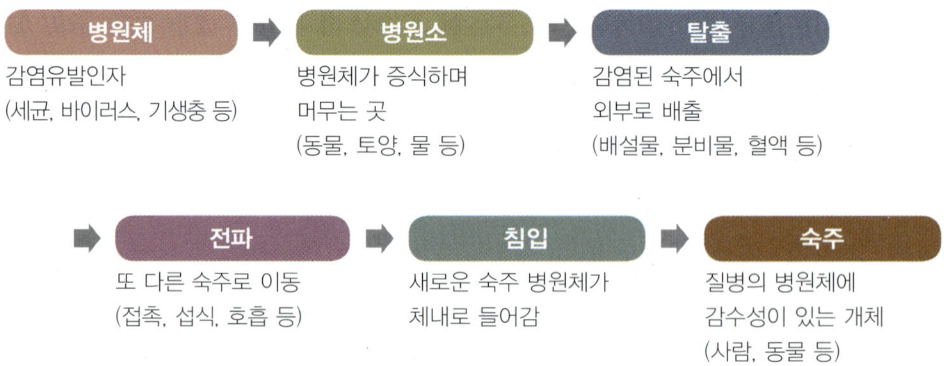

[그림 4-7] 질병 발생의 성립 6단계

이러한 여섯 단계를 종합적으로 이해하면, 감염병이 어떤 경로를 거쳐 퍼지고, 어느 지점에서 차단할 수 있는지 구체적인 대책을 수립하기가 한층 수월해진다. 예컨대 백신을 통한 숙주의 감수성 감소, 병원소 관리, 탈출 경로 차단, 전파 경로 소독 등 단계별로 적절한 예방·관리 전략을 시행하는 것이 감염병 확산 방지에 핵심 역할을 한다.

2) 질병 발생 3대 요인

질병은 한 가지 원인만이 아닌 복합적 요인들이 상호 작용하여 발생한다. 병원체(agent), 숙주(host), 환경(environment)을 질병 발생의 3대 요소로 보고, 이들이 균형을 잃으면 질병이 일어나며, 각각의 특성과 상호 작용 정도에 따라 발병 여부와 중증도가 결정된다.

(1) 병인(병원체)

병원체(agent)는 질병을 직접 유발하는 미생물(바이러스, 세균, 곰팡이, 기생충 등)로, 감염병 발생의 핵심 요소이다. 병원체가 가진 특성 중 감염력(Infectivity)은 숙주에 침투해 실제 감염을 일으키는 능력을, 병원력(Pathogenicity)은 감염된 숙주가 임상 증상을 보일 정도로 질병을 유발하는 능력을 뜻한다. 마지막으로 독력(Virulence)은 발병한 숙주의 질병 진행 경과와 중증도에 영향을 미치는 능력으로, 감염 후 어떤 합병증이나 치명적 상태에 이를 가능성이 높은지를 가늠하게 해주는 지표이다. 이러한 특성들은 상호 연관되어 질병의 확산 속도와 심각도를 결정하며, 방역 및 치료 전략 수립 시 중요한 고려 대상이 된다.

① 병원체의 분류

병원체의 유지환(maintenance cycle)은 병원체가 자연 상태에서 계속해서 보존되고 전파됨으로써 감염 사슬이 이어지는 과정을 의미한다. 유지환이 어떻게 구성되느냐에 따라 병원체가 순환·증식하는 경로와 숙주 범위가 달라지고, 그에 따라 인수공통감염병을 여러 유형으로 분류할 수 있다. 직접 인수공통감염병, 순환 인수공통감염병, 메타 인수공통감염병, 복합 인수공통감염병으로 나누는 유지환 분류 체계는 각각 다른 형태의 숙주 및 환경 관여 과정을 거쳐 병원체가 유지·전파된다는 점에 주목한다. 따라서 유지환(maintenance cycle)을 이해하면, 병원체가 어떤 숙주와 환경에서 어떻게 순환·안정화되는지 파악할 수 있어 효율적인 질병 관리와 방역 전략 수립이 가능해진다.

가. 직접 인수공통감염병(Direct Zoonoses)

ㄱ. 특징

병원체가 주로 한 종(種)의 척추동물 숙주 사이에서 직접 전파되는 전염병이다. 즉, 감염된 동물(또는 사람)의 체액, 분비물, 배설물 등에 의한 직접 접촉, 물림, 상처 등을 통해 다른 숙주로 옮아간다. 병원체가 증식·유지되는 과정에서 무척추동물 매개체나 환경 매개 단계가 필수로 포함되지 않으며, 감염원이 비교적 명확하다.

ㄴ. 대표 질병

① 광견병(Rabies): 감염된 동물의 침을 통해 전파되며, 물림 사고가 주요 감염 경로이다.

② 브루셀라증(Brucellosis): 소 · 양 · 염소 등의 분비물(유즙, 태막 등)을 통해 사람이나 다른 동물이 감염된다.

③ 탄저(Anthrax): 탄저균에 감염된 동물 또는 그 부산물을 다룰 때 노출되어 발생한다.

④ 결핵(Tuberculosis, 일부 동물성 결핵균 포함): 직접 분비물 접촉이나 공기를 통한 전파 가능성이 있다.

⑤ 파상풍(Tetanus): 드물게 사람 · 동물 상처 부위에서 세균이 전파되어 발생할 수 있다.

나. 순환 인수공통감염병(Cyclozoonoses)

ㄱ. 특징

병원체가 2종 이상의 척추동물 숙주 사이를 순환하며 생활사를 완성한다. 즉, 서로 다른 동물 종간 전파를 통해 발육 단계가 이어지지만, 곤충 등 무척추동물 매개체는 필요하지 않다. 주로 기생충성 질병에서 잘 나타나며, 가령 중간 숙주와 종숙주 사이를 오가며 생존 · 증식하는 형태가 전형적이다.

ㄴ. 대표 질병

① 유구조충증(Taenia solium): 사람을 종숙주, 돼지를 중간 숙주로 하여 생활사를 순환한다.

② 무구조충증(Taenia saginata): 사람(종숙주)과 소(중간 숙주)를 거치면서 증식한다.

③ 에키노코쿠스증(Echinococcosis): 갯과 동물(종숙주)과 양 · 소 등 초식동물(중간 숙주) 사이를 오가며 형성된다.

④ 간흡충증(Clonorchiasis, 일부 경우 인수공통 특성 포함): 담수어 등을 통해 매개되지만, 곤충 매개체는 없다.

⑤ 개조충(Dipylidium caninum, 일부 경우): 벼룩이 매개체 역할을 하기도 하나, 경우에 따라 척추동물 간 직접 순환이 가능하다.

다. 메타 인수공통감염병(Metazoonoses)

ㄱ. 특징

병원체가 최소 한 단계 이상 무척추동물 매개체에서 발육·증식 단계를 거쳐야 전파되는 형태를 말한다. 곤충(모기·벼룩·진드기 등)이나 연체동물 등이 병원체 전파를 돕는 필수 고리 역할을 수행한다. 매개체의 생태학적 분포나 계절성에 따라 질병 유행 양상이 크게 달라진다.

ㄴ. 대표 질병

① 페스트(Plague): 벼룩(Flea)이 쥐 등 설치류에서 사람 또는 다른 동물에게 옮긴다.

② 황열(Yellow fever): 모기(*Aedes* spp.)가 바이러스를 전파하며, 아열대·열대 지역에서 많이 발생한다.

③ 뎅기열(Dengue fever): 모기가 병원체를 매개해 사람 간 전파가 이루어진다.

④ 서나일열(West Nile fever): 조류 → 모기 → 사람·말 등으로 순환하면서 전파된다.

⑤ 라임병(Lyme disease): 진드기(*Ixodes* spp.)가 병원체(Borrelia burgdorferi)를 옮기며 발생한다.

라. 복합 인수공통감염병(Saprozoonoses)

ㄱ. 특징

병원체가 척추동물뿐 아니라 환경(토양, 물, 유기물 등)에서도 일정 기간 생활사나 증식을 유지하는 특성을 지닌다. 병원체가 동물의 분변·분비물 등으로 외부 환경을 오염시키고, 그 환경에서 증식·생존한 뒤 다시 다른 감수성 숙주를 감염시키는 순환 구조가 형성된다.

ㄴ. 대표 질병

① 톡소포자충증(Toxoplasmosis): 고양이가 종숙주이지만, 고양이 배설물이 오염시킨 토양·물 등에 의해 사람·축산동물이 감염될 수 있다.

② 히스토플라스마증(Histoplasmosis): 조류나 박쥐 배설물이 쌓인 토양·동굴에서 곰팡이가 증식하여 공기 중 포자를 흡입해 감염된다.

③ 콕시디오이데스진균증(Coccidioidomycosis): 건조 지역의 토양에서 생존하는 곰팡이가 바람 등에 의해 날려 호흡기로 들어와 발병한다.

④ 크립토코쿠스증(Cryptococcosis): 비둘기 분변 등이 축적된 장소에서 진균이 증식, 포자를 흡입해 인체·동물 감염이 일어난다.

⑤ 파라콕시디오이데스진균증(Paracoccidioidomycosis): 토양 서식 진균으로, 남미 지역에서 농업 종사자 등이 주로 노출된다.

위 분류는 병원체가 어떤 숙주와 환경을 거치며 생존·전파되는지 이해하는 데 도움을 준다. 질병 유형에 따라 주요 전파 경로와 예방·관리 전략이 달라지므로, 직접 인수공통감염병은 감염 동물 접촉 차단에, 순환 인수공통감염병은 중간 숙주 관리에, 메타 인수공통감염병은 매개체 방제에, 복합 인수공통감염병은 환경 오염 차단과 위생 관리에 각각 초점을 맞추어야 한다. 이를 통해 인수공통감염병의 확산을 효과적으로 예방·통제할 수 있다.

② 병원체의 감염 과정

병원체의 감염은 병원체가 숙주 내로 침입한 후 정상적인 숙주의 면역 체계를 무너뜨리고 해당 병원체와 친화성이 있는 장기 조직으로 침입 후 발육하고 증식하여 발병하게 된다.

가. 감염 기간(Infectious Period)

병원체가 숙주 체내에서 살아남아 증식하며, 동시에 다른 숙주에게 전파될 수 있는 기간을 의미한다. 감염 기간 동안에는 임상 증상이 있든 없든 간에, 병원체가 체외로 배출되어 전파 가능하다. 따라서 효율적인 방역이나 격리 조치를 위해 감염 기간 파악이 중요하다.

나. 병원체 발현에 따른 변화 과정

병원체는 숙주에 침입하면 초기에는 세포나 조직에 부착·침투해 증식을 시작한다. 이후 증식한 병원체가 혈류나 림프계 등으로 퍼지면서 숙주의 면역 반응을 유발하고, 병원체의 생리적 특성에 따라 발열, 염증 등의 초기 반응이 나타난다. 이 과정이 눈에 띄는 임상 증상으로 이어지기 직전까지가 병원체 발현(출현) 과정의 핵심이다.

다. 임상 증상 발현에 따른 변화 과정

초기 증상이 나타나면, 숙주의 면역 체계는 병원체를 제거하거나 억제하기 위해 본격적으로 대응한다. 증상은 가볍게 지나갈 수도 있고, 점차 악화되어 합병증이 발생하기도 한다. 치료나 면역 반응이 성공적으로 작용하면 회복기에 접어들어 증상이 완화되고, 병원체는 체외로 배출되거나 사멸되어 건강을 회복하게 된다. 반면, 적절히 관리되지 않으면 만성화되거나 숙주가 사망에 이를 수도 있다.

라. 잠복기(Incubation Period)

감염 시점부터 임상 증상이 나타나기 전까지의 시기를 가리킨다. 이 시기에 병원체는 이미 숙주 내에서 증식 중이지만, 겉으로는 뚜렷한 징후나 증상이 없어 감염 사실을 놓치기 쉽다. 잠복기 길이는 병원체 특성, 숙주의 면역 상태, 감염 경로 등에 따라 달라지며, 방역 측면에서 전염력을 조기 차단하기 어렵게 만드는 주요 원인이 된다.

(2) 숙주 요인

숙주 요인은 질병 발생에서 숙주(동물 혹은 사람) 자체가 갖고 있는 특성이나 상태를 가리키며, 병원체가 침입했을 때 질병이 얼마나 쉽게 발병하고 진행되는지에 영향을 준다. 숙주 요인은 크게 선천적 요인, 생리적 요인, 후천적 요인으로 구분할 수 있다.

① 선천적 요인

- 유전적 소인: 특정 질환에 대한 감수성이나 저항성을 결정짓는 대표 요소이다. 예를 들어, 특정 품종의 동물이 유전적으로 어떤 질병에 취약하거나, 반대로 면역 활성이 높아 저항력을 갖는 경우가 있다.
- 성별 · 연령: 신생아, 어린 동물, 노령 동물 등은 면역 체계가 완전하지 않거나 약해 질병에 더 쉽게 노출될 수 있다.

②생리적 요인

- 면역 상태: 백신 접종이나 과거 감염 경험으로 면역력이 확보된 숙주는 병원체 침입을 효과적으로 막아낼 수 있다. 반면 스트레스, 영양 불균형 등으로 면역력이 떨어지면 감염 위험이 상승한다.
- 내분비 · 호르몬 변화: 번식기, 임신 · 수유기 등 호르몬 변동이 큰 시기에 감염병 저항력이 약해지기도 한다.
- 영양 상태: 단백질 · 비타민 · 무기질 등 영양소가 결핍되면 면역 반응이 저하되어 질병 감수성이 커질 수 있다.

③ 후천적 요인

- 생활 습관 및 행동: 사육 환경, 위생 관리 수준, 운동량 등은 후천적으로 숙주의 건강 상태를 좌우한다. 위생적으로 열악한 환경이나 고밀도 사육 상태에서는 감염 기회가 늘어난다.
- 외상 · 수술 등: 몸에 상처가 생기거나 수술을 받으면 병원체가 침투하기 쉬워지고, 회복 중인 숙주는 일반적으로 면역력이 낮아진다.
- 면역 획득: 백신 접종이나 면역 혈청 투여를 통해 인위적으로 질병에 대한 저항성을 얻는 경우도 후천적 요인에 속한다.

이러한 숙주 요인들은 상호 작용을 통해 병원체의 감염력 발휘 정도와 질병 진행 양상을 좌우한다. 따라서 질병을 예방 · 관리하기 위해서는 숙주의 유전적 특성뿐 아니라, 생리적 · 후천적 상태를 종합적으로 고려하는 접근이 필요하다.

(3) 환경 요인

환경 요인은 병원체와 숙주가 상호 작용하는 물리적 · 생물학적 · 사회적 여건 전반을 지칭한다. 동일한 숙주와 병원체라도 환경 특성에 따라 감염 위험도와 질병 양상이 크게 달라질 수 있다. 따라서 질병 관리와 예방 방안 수립 시, 환경 요인을 적절히 통제 · 개선하는 것이 핵심적이다. 대표적인 환경 요인으로는 지역, 기후, 스트레스, 사육 시설, 생물학적 환경 요인 등이 있다.

① 지역

- 지리적 특성: 고산 지대, 해안 지대 등 지형에 따라 기온 · 습도 · 공기 순환 등이 달라져 병원체 생존과 전파 양상에 영향을 준다.
- 인프라 및 위생 수준: 지역별로 상하수도 시설, 폐기물 처리 시스템 등이 다르므로 전염병 발생 위험이 상이하다.
- 인구 · 동물 밀도: 사람이 많이 모여 있거나 가축을 밀집 사육하는 지역에서는 병원체 전파 기회가 늘어난다.

② 기후

- 온도 · 습도: 대부분의 병원체가 생존 · 증식하기 좋은 온습도 범위가 존재한다. 특히 고온 다습한 환경에서 세균 · 기생충이 번성하기 쉽다.
- 계절 변화: 여름철에는 모기 · 진드기 같은 매개체가 증가하고, 겨울철에는 호흡기 질환이 유행하는 등 계절별로 유행 질환이 달라진다.
- 강수량: 강우량이 많은 지역이나 계절에 토양 · 물의 오염이 심해져 수인성 질환이 늘어날 수 있다.

③ 스트레스

- 환경적 스트레스: 소음, 과밀 사육, 과도한 온도 변화 등이 동물의 스트레스 반응을 일으켜 면역력을 떨어뜨린다.
- 운송 · 이동: 운송 과정에서 겪는 진동, 밀집, 장거리 이동 등이 동물 스트레스 수준을 높이고 감염병 취약성을 증가시킨다.

- 사회적 스트레스: 군집 생활에서 위계 다툼, 포식·피식 관계 등이 동물의 건강 상태에 부담을 줄 수 있다.

④ 동물의 사육 시설

- 위생 관리: 사육장, 축사, 케이지 등의 청결도와 배설물 처리 방식은 병원체 서식·번식을 결정짓는 중요한 요인이다.
- 사육 밀도: 높은 밀도에서 동물을 사육하면 병원체 전파 경로가 늘어나 집단감염 위험이 커진다.
- 환기·채광: 충분한 환기와 적절한 채광이 이루어지지 않으면 곰팡이와 미생물이 증식하기 쉬운 환경이 조성되고, 이는 호흡기 질환 발생에도 영향을 준다.

⑤ 생물학적 환경 요인

- 매개 곤충·절지동물: 모기, 진드기, 벼룩 등은 병원체 이동을 돕는 매개체가 될 수 있다. 이들의 서식·활동 범위가 질병 확산에 직접 관여한다.
- 야생 동물·유기 동물: 주변에 서식하는 야생 동물 또는 유기 동물 무리가 병원소나 보유 숙주가 되어 인수공통감염병 확산에 일조할 수 있다.
- 기타 미생물 환경: 사육지 주변의 세균·바이러스·기생충 분포나 이미 존재하는 토양·물 오염 상태가 병원체 순환과 유행 패턴을 결정한다.

이러한 환경 요인들은 서로 복합적으로 작용하여 질병 발생과 전파 경로에 영향을 미친다. 감염병 예방과 관리 전략을 수립할 때는 지역·기후적 특성부터 사육 시설 개선, 스트레스 완화 대책, 매개체 방제 등을 포괄적으로 고려해야 한다.

3) 병원체의 전파 방법

병원체 전파는 감염된 숙주나 환경에서 병원체가 새로운 숙주로 옮겨가는 과정을 의미한다. 전파 경로는 크게 모체에서 태아나 신생아로 옮겨 가는 수직전파와 감염된 개체가 같은 세대의 다른 개체에 전파하는 수평전파로 나눌 수 있다. 수평전파 안에는 직접 접촉(피부 · 침 등), 간접 매개(오염된 물 · 음식 · 공기 · 물품), 곤충 매개(모기 · 진드기 등) 등 다양한 방법이 포함된다.

(1) 수직전파

수직전파(Vertical Transmission)는 모체에서 태아나 신생아로 병원체가 전해지는 전염 방식을 의미한다. 임신 중 태반을 통해, 출산 과정에서 산도를 통해, 또는 출산 후 모유 수유 등을 통해 감염이 일어날 수 있다. 이러한 수직전파는 바이러스, 세균, 기생충 등 다양한 병원체에서 관찰되며, 예방과 관리가 어려운 편이므로 임신 · 출산 단계에서 철저한 검진과 대응이 중요하다.

(2) 수평전파

수평전파(Horizontal Transmission)는 같은 세대 내에서 병원체가 전파되는 방식을 말하며, 크게 직접전파와 간접전파로 구분할 수 있다.

① 직접전파(Direct Transmission)

감염된 숙주와의 물리적 접촉(물림, 침, 피부 상처 등)을 통해 곧바로 병원체가 전파된다. 성 접촉이나 호흡기 분비물(재채기, 기침)을 통한 전파 역시 직접전파에 속한다.

② 간접전파(Indirect Transmission)

가. 기계적 매개(Mechanical Vector)

파리, 바퀴벌레 등 매개체가 신체 표면(다리 · 날개 등)에 병원체를 단순히 붙여 옮기는 경우를 말한다. 병원체가 매개체 내부에서 증식하거나 발육 단계를 거치지 않으므로, 매개체는 단순 '운반자' 역할만 수행한다.

나. 생물학적 매개(Biological Vector)

모기, 진드기 등 매개체 내부에서 병원체가 증식 · 변이 과정을 거친 뒤 숙주에게 옮겨진다. 말라리아, 뎅기열 등은 생물학적 매개체를 거쳐야만 전염이 이루어지는 대표적 사례이다.

다. 공기전염(Airborne Transmission)

병원체가 공기 중 비말핵(droplet nuclei) 형태로 떠다니면서 먼 거리까지 전파될 수 있다. 밀폐된 공간이나 환기가 부족한 장소에서 감염 위험이 커지며, 결핵이나 홍역 등이 공기전염 대표 질환이다.

4) 질병의 전염 및 유행 양식

(1) 접촉 감염

① 직접 접촉 감염(Direct Contact Transmission)

감염된 숙주와 물리적 접촉(피부, 체액, 상처 부위 등)을 통해 병원체가 옮겨가는 감염 양식이다. 물림이나 상처를 통한 혈액 접촉, 또는 성 접촉, 상처 접촉 등도 포함된다. 광견병, 전염성 구강 질환, 성매개질환 등이 대표적인 직접 접촉 감염 사례로 꼽힌다. 밀접 접촉이 이루어지는 사육 환경이나 보호 장비 없이 동물을 다루는 상황에서는 주의가 필요하다.

② 간접 접촉 감염(Indirect Contact Transmission)

오염된 물건, 기구, 사육 기자재, 장갑 등 매개물(fomite)을 통해 병원체가 전파되는 방식을 말한다. 감염된 동물의 체액이나 분비물, 배설물 등이 물건 표면에 묻어있다가 다른 숙주의 피부나 점막에 닿아 전염이 이루어진다. 방역 차원에서는 기구 · 시설 소독, 개인위생 수칙 준수가 특히 중요하며, 격리나 검역 시에는 일회용 물품 사용, 철저한 소독으로 감염 고리를 차단한다.

③ 비말 감염(Droplet Transmission)

기침, 재채기, 콧물 등의 호흡기 분비물에서 생성된 큰 액적(droplet)을 통해 병원체가 전파되는 형태이다. 비말 자체가 직선으로 수 미터 이하 범위로 퍼지며, 주변 숙주에게 흡입 · 접촉되면서 감염을 일으킨다. 호흡기 질환(인플루엔자, 전염성 호흡기 바이러스 등)이 주로 비말 감염 경로를 통해 퍼지며, 마스크 착용, 밀집 장소 환기, 기침 예절 등 예방 수칙이 필수이다.

(2) 공통 전파체에 의한 전염

공통 전파체(Common Vehicle Transmission)에 의한 전염은 여러 숙주가 동일한 감염원을 공유함으로써 동시에 또는 유사한 시기에 질병에 걸리는 양식을 의미한다. 예를 들어, 한 공급원(물, 음식, 우유 등)이 병원체로 오염되어 있으면, 이를 이용한 다수의 사람이나 동물이 일제히 감염될 수 있다. 이는 단일 폭로(single exposure)로 인한 집단 발생 형태를 자주 보이지만, 문제의 전파원이 계속 유지 · 공급된다면 지속적 유행으로 이어질 가능성도 있다.

① 물에 의한 유행

오염된 지하수나 상수도, 저수지 등을 통해 병원체가 대규모로 퍼지는 경우이다. 콜레라, 장티푸스, 세균성 이질 등 수인성(水因性) 감염병이 대표적이다. 오염원을 신속히 파악해 해당 수계(水系) 사용을 중단하고, 정수 · 소독 작업을 강화하는 것이 주요 대책이다.

② 우유에 의한 유행

살균 처리가 되지 않은 원유(raw milk)나 오염된 유제품에 의해 집단 감염이 발생한다. 브루셀라증, 결핵, 살모넬라증, 리스테리아증 등이 우유 매개로 옮길 수 있는 대표적인 질병이다. 위생적 착유 및 냉장 관리, 철저한 살균 처리(Pasteurization) 등을 통해 예방 가능하다.

③ 식품에 의한 유행

축산물, 수산물, 과일 · 채소 등이 병원체에 오염되어 다수에게 동시에 제공되는 경우에 발생한다. 노로 바이러스, 살모넬라, 대장균(O157:H7 등), 캠필로박터 같은 식품매개성 병원체가 주로 원인이다. 조리 과정에서의 교차 오염 방지, 충분한 가열·보관 온도 유지, 식품 유통 과정 관리 등이 핵심 예방법이다.

④ 수혈이나 의료기관에 의한 전염

병원체가 함유된 혈액·혈액제제, 의료 기구 등을 통해 환자나 동물에게 감염되는 방식이다. 수혈 전 검사, 멸균·무균 관리, 일회용 주사기 사용 등으로 대부분 예방 가능하지만, 제도적·관리적 허점이 있을 시 집단 발생 위험이 따른다. 병원 내 교차 감염(nosocomial infection)도 같은 맥락에서 의료진, 기구, 주변 환경에 의한 전파가 가능하므로 철저한 관리가 필수다.

공통 전파체에 의한 전염은 동일 공급원을 이용하는 불특정 다수가 동시에 노출되어 빠르게 확산될 수 있으나, 반대로 원인 파악 후 공급원을 차단하면 빠른 시일 내에 유행을 억제할 수 있다는 특징이 있다. 예방을 위해서는 오염 가능성이 있는 공통원(물, 우유, 식품, 의료물품 등)을 지속 모니터링하고, 조기 차단책을 마련하는 것이 중요하다.

(3) 공기 전염

공기 전염(Airborne Transmission)은 병원체가 공기 중에서 오랜 시간 떠다니며, 먼 거리까지 전파되는 전염 방식을 말한다. 병원체가 포함된 미세 입자(비말핵, 에어로졸, 먼지 등)는 일반 비말보다 크기가 훨씬 작아 빠르게 가라앉지 않고, 환기 상태나 바람에 따라 넓은 범위로 퍼질 수 있다. 결핵, 홍역, 수두 등이 대표적이며, 예방을 위해 충분한 환기, 음압 격리실, 적절한 개인 보호구(예: N95 마스크) 사용 등 공기 중 병원체 농도를 낮추는 관리가 필수적이다.

(4) 절족동물 매개에 의한 감염

절족동물 매개 감염(Arthropod-borne infection)은 모기, 진드기, 벼룩, 파리, 이와 같은 절족동물이 병원체를 옮기는 방식으로 발생하는 질병을 의미한다.

절족동물은 혈액을 섭취하거나 피부 · 점막 등을 물면서 병원체를 흡입 · 배출하기 때문에 감염 확대의 중요한 고리로 작용한다.

① 모기(Mosquito)

- 말라리아(Malaria): 플라스모디움(*Plasmodium* spp.) 원충이 모기(*Anopheles* spp.) 내부에서 발육 과정을 거쳐 전파된다.
- 뎅기열(Dengue fever): *Aedes* 모기가 바이러스를 옮기며, 열대 · 아열대 지역에서 주로 유행한다.
- 황열(Yellow fever): 황열 바이러스가 *Aedes*종 모기를 매개체로 사람, 원숭이 등 숙주에게 감염된다.
- 지카 바이러스 감염(Zika virus infection): *Aedes* 모기에게 물려 감염되며, 임산부 감염 시 태아 기형 위험이 대두된다.

② 진드기(Tick)

- 라임병(Lyme disease): 진드기(*Ixodes* spp.)가 보렐리아(*Borrelia* burgdorferi) 세균을 매개해 발생한다.
- 중증열성혈소판감소증후군(SFTS): 참진드기류가 SFTS 바이러스를 옮기며, 사람과 동물 사이에서 감염을 일으킬 수 있다.
- 바베시아증(Babesiosis), 아나플라즈마증(Anaplasmosis) 등도 진드기를 매개체로 발병한다.

③ 벼룩(Flea)

- 페스트(Plague): 설치류(쥐) 사이에서 *Yersinia pestis*가 벼룩을 통해 전파되며, 사람 감염 시 흑사병으로 불린다.
- 발진열(일부 병원체) 등에 관여하는 사례가 있으나, 주로 페스트가 대표적이다.

④ 파리(Fly)

- 기계적 매개를 통해 장티푸스, 이질균 등을 옮길 수 있고, 특정 파리는 애

벌레 기생 등을 일으키기도 한다(예: 피부유충증). 체체파리(Tsetse fly)는 주로 사람에게 아프리카수면병(트리파노소마증)을 전파하는 것으로 알려져 있다.

⑤ 이(Louse)

- 발진티푸스(Epidemic typhus)의 전파 매개체로 작용하며, 밀집 생활 환경에서 발병률이 증가한다. 기타 리케차성 감염병도 이나 벼룩을 통해 옮겨질 수 있다.

절족동물 매개 감염은 병원체가 매개 곤충 내부에서 발육·변이를 거치거나, 곤충의 외부 표면에 묻은 상태로 단순 운반(기계적 매개)될 수도 있다. 이러한 병원체의 '숙주 → 매개체 → 다른 숙주' 형태의 생활사는 매개체의 생존·증식 환경에 큰 영향을 받는다. 따라서 매개체 서식지 관리, 방충 대책(살충, 모기장·방충망 설치), 개인 보호구 착용 등이 절족동물 매개 감염을 예방하는 핵심 수단이 된다.

(5) 질병의 유행 양식

질병은 시간적·공간적으로 다양한 양식으로 발생하고 확산한다. 이를 유행 양식으로 구분해 이해하면, 방역과 관리 전략 수립에 큰 도움이 된다.

① 엔데믹(Endemic)

특정 지역이나 집단에서 상시로 일정 수준 발생하는 질병 양식을 말한다. 유행 수준으로 번지진 않지만, 완전히 사라지지도 않으며 지속적으로 발생한다. 말라리아가 열대·아열대 지역에 상존하는 사례가 대표적이다.

② 에피데믹(Epidemic)

예상 범위나 과거 평균치를 넘어선 수준으로, 질병이 급격히 증가하여 지역·집단 내에서 유행하는 상태이다. 단일 폭로(집단 식중독)나 전염성 높은 병원체의 확산 등에 의해 비교적 단기간에 발병률이 급상승한다. 빠른 진단·격리·치료와 예방 조치가 없으면 대규모 감염으로 이어질 수 있다.

③ 팬데믹(Pandemic)

에피데믹이 한 지역이나 국가 단위를 넘어서, 대륙 혹은 전 세계적으로 확산된 유행 양식이다. 인플루엔자 팬데믹, 코로나19와 같은 대규모 확산 사례가 이에 해당한다. 국가 간의 인구 이동, 전 지구적 교역 등을 통해 감염병이 광범위하게 퍼져 전 세계적 보건 문제로 대두된다.

④ 스포라딕(Sporadic)

질병이 산발적으로 드문드문 발생하는 양식을 가리키며, 뚜렷한 일정 패턴 없이 산발적으로 나타난다. 엔데믹처럼 꾸준히 유지되는 것과 달리, 불규칙적으로 낮은 빈도로 발생하기 때문에 감시와 조기 발견이 중요하다.

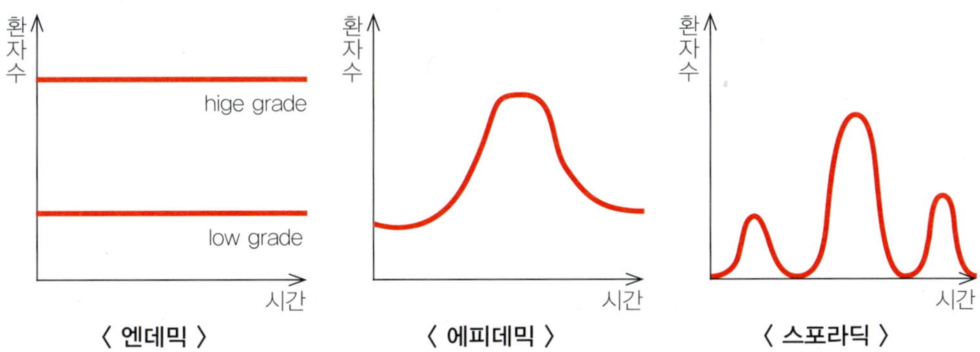

[그림 4-8] 질병의 유행 양식

이처럼 질병은 엔데믹-에피데믹-팬데믹-스포라딕 등 여러 유행 양식으로 나타날 수 있으며, 각 양식은 질병의 원인, 지역적 특성, 인구 이동, 방역 수준 등에 따라 결정된다. 이를 파악하면 정확한 감시 체계를 마련하고, 적절한 예방법과 대응책을 세우는 데 도움이 된다.

5) 면역

(1) 선천면역

선천면역(Innate Immunity)은 병원체가 침입했을 때 가장 먼저 작동하는 1차 방어 체계다. 유전적으로 타고나는 면역 기작으로, 특정 병원체에 대해서만 반응하는 것이 아니라 비교적 광범위하게 외부 침입 요인을 인지하고 빠르게 반응한다. 피부, 점막과 같은 물리 · 화학적 장벽, 백혈구(호중구, 단핵구 · 대식세포 등), 보체계, 자연살해세포(NK세포) 등의 요소가 선천면역에 관여하며, 병원체가 체내에 자리 잡지 못하도록 신속하게 억제 · 제거하는 역할을 수행한다.

(2) 후천면역

후천면역(Acquired Immunity)은 병원체가 침입한 뒤, 숙주의 면역계가 학습(면역기억)을 통해 구체적이고 지속적인 방어 능력을 획득하는 과정을 말한다. 선천면역이 광범위하고 즉각적인 대응에 주력한다면, 후천면역은 특정 항원(병원체)만을 인지해 맞춤형으로 공격하고, 이후에도 그 정보를 기억함으로써 같은 병원체가 재침투했을 때 빠르고 강력하게 반응한다. 이러한 후천면역은 주로 B림프구(항체 생산)와 T림프구(세포성 면역) 등에 의해 이루어지며, 백신 접종이나 과거 감염을 통해 획득된 면역도 여기에 속한다.

① 자연획득면역(Naturally Acquired Immunity)

일상적인 환경에서 병원체에 노출되거나 모체로부터 항체를 전달받음으로써 후천적으로 얻게 되는 면역이다. 구체적으로 감염을 통해 숙주가 직접 항원을 인지 · 기억하여 방어 능력을 가지는 자연능동면역(감염 후 면역)과 모체의 항체가 태반(사람 기준)이나 초유 · 모유 등을 통해 자손에게 전달되어 생기는 자연수동면역(모체 유래 항체)으로 구분된다. 자연획득면역은 백신 같은 인위적 개입 없이도 생기므로 감염병의 자연 경과와 집단면역 형성에 중요한 역할을 한다.

② 인공획득면역(Artificially Acquired Immunity)

백신 접종이나 면역 혈청 투여 등 인위적인 방법으로 후천적 면역을 획득하는 경우를 말한다. 인공능동면역은 백신(사백신, 생백신, 톡소이드 등)을 주입해 숙주가 스스로 항체와 면역세포를 형성하도록 유도하는 방식이다. 반면, 인공수동면역은 이미 다른 개체(사람 또는 동물)에서 만들어진 항체나 면역글로불린을 직접 주입해 즉각적인 보호 효과를 얻는 방식으로, 일반적으로 응급 상황이나 고위험군에 사용한다.

(3) 백신

백신은 병원체나 그 일부 성분을 이용하여 체내에서 면역 반응을 유도하도록 설계된 제제이다. 주사나 경구 투여 등의 방식으로 백신을 접종하면, 체내 면역계가 해당 병원체를 미리 '연습'하여 항체와 면역세포를 형성함으로써, 실제 감염이 발생했을 때 신속하고 효과적으로 대응할 수 있다. 백신 접종은 개인의 질병 예방뿐 아니라 지역사회 전체의 감염병 유행을 줄이는 데 큰 역할을 한다. 또한 의료 비용 절감과 집단면역 확보 등 공중보건 측면에서도 중요한 이점을 제공한다.

① 생독백신

생독백신(Live Attenuated Vaccine)은 병원체의 독성과 감염성을 인위적으로 약화(약독화)시킨 살아 있는 균주나 바이러스를 이용해 만든 백신이다. 체내에서 실제 병원체처럼 증식하면서 면역 반응을 유도하므로, 항원성이 높아 상대적으로 강력하고 오래 지속되는 면역을 형성하는 장점이 있다. 다만, 면역 기능이 저하된 개인에서는 드물게 약독화된 균주가 질병을 일으킬 가능성이 있기 때문에, 접종 대상과 시기를 신중히 고려해야 한다. 대표적인 예시로는 사람의 홍역 · 유행성이하선염 · 풍진(MMR 백신), 동물의 경우 브루셀라 약독화 백신 등이 있다.

② 사독백신

사독백신(Inactivated Vaccine)은 병원체(바이러스·세균 등)를 물리적·화학적 방법으로 사멸시킨 뒤 항원성을 유지하도록 처리해 만든 백신이다. 생독백신에 비해 체내에서 직접 증식하지 않으므로 안전성이 높고, 면역이 저하된 개인에게도 비교적 안전하게 접종할 수 있다. 다만, 생독백신보다 항원 자극이 약해 면역 반응이 빠르게 줄어들 수 있으므로, 필요한 경우 추가 접종(부스터 샷)을 통해 면역력을 보강해야 한다. 대표 예시로는 일부 인플루엔자 백신, 폴리오 사백신(IPV), 광견병 사백신 등이 있다.

6) 소독과 방역

소독은 병원체를 물리적으로 제거·억제해 감염 경로를 직접 차단하는 활동이며, 방역은 이러한 소독을 포함해 백신 접종, 환자 격리, 교육·홍보, 환경 개선 등 다각적인 접근으로 감염병 발생과 전파를 종합적으로 막는 과정을 의미한다. 둘 다 질병 예방과 관리에 핵심적인 역할을 하며, 상호 보완적으로 시행될 때 가장 큰 효과를 거둘 수 있다.

(1) 소독과 멸균

소독은 각종 병원체(바이러스, 세균, 곰팡이 등)를 비롯한 유해 미생물의 수를 안전한 수준 이하로 줄이거나 제거하기 위해 물리적·화학적 방법을 사용하는 행위를 말한다. 동물병원, 농장, 축사, 가정 등 다양한 장소에서 실시하며, 주로 기구·설비·환경 표면 등에 적용된다. 소독을 시행하는 이유는 감염병 발생 가능성을 낮추고, 이미 발생한 질병의 확산을 방지하기 위함이다. 이를 통해 병원체 전파 경로를 직접적으로 차단하고, 숙주나 환경을 보다 안전한 상태로 유지하는 데 목적이 있다.

멸균(Sterilization)은 병원체를 포함한 모든 미생물(세균, 바이러스, 포자 등)을 완전히 사멸시키거나 제거해 무균 상태를 만드는 과정을 말한다. 고압 증기

멸균(오토클레이브), 건열 멸균, 에틸렌옥사이드 멸균, 방사선 멸균 등이 대표적인 방법이며, 의료 기구나 실험실 장비처럼 미생물 오염이 허용될 수 없는 물품에 주로 적용된다.

소독이 병원체 수를 안전 수준 이하로 줄이는 것이라면, 멸균은 모든 미생물을 완전히 제거해 무균 상태를 달성한다는 점에서 차이가 있다.

① 소독의 목적

① 감염 확산 방지: 감염원을 없애거나 크게 줄여 다른 숙주로 전파되는 것을 막는다.

② 환경 위생 개선: 밀집 사육 공간, 동물병원, 식품 취급 시설 등에서 위생 상태를 개선해 각종 전염성 질환의 발생률을 낮춘다.

③ 신뢰 및 안전성 확보: 철저한 소독 관리는 소비자, 환자, 지역사회에 안전한 환경을 제공한다는 신뢰를 주며, 공중보건 수준 향상에 기여한다.

② 소독 방법

가. 약물소독(Chemical Disinfection)

소독약품(표백제, 알코올, 페놀류, 4급 암모늄 화합물 등)을 사용해 병원체를 사멸하거나 불활성화한다. 적용 대상에 따라 농도와 접촉 시간을 조절하며, 금속 표면 · 플라스틱 · 피부 · 기구 등 폭넓게 사용된다.

나. 훈증소독(Fumigation)

가스 상태의 소독제를 폐쇄된 공간에 주입하여, 공기 중 또는 물품 · 시설 표면에 존재하는 병원체를 제거하는 방식이다. 포름알데하이드, 에틸렌옥사이드, 메틸브로마이드 등이 대표적이며, 충분한 소독 효과를 얻기 위해 밀폐된 공간 내에서 일정 시간 동안 가스를 유지해야 한다.

다. 증기소독(Steam Disinfection)

고온 · 고압의 증기를 이용해 병원체를 사멸한다. 대표적으로 오토클레이브(Autoclave)를 사용하여 고압(약 1기압 이상) 상태에서 121~134℃ 증기로 멸균·소독이 가능하다. 의료기기, 실험실 장비 등 열과 습기에 견디는 물품에 효과적이다.

라. 자비소독(Boiling or Pasteurization)

100℃ 이하 혹은 그 부근의 열을 이용해 병원체를 사멸하거나 증식을 억제하는 방법이다. 대표적으로는 끓는 물에 담그는 방법(1,520분 이상)이나, 6,075℃ 정도의 비교적 낮은 온도로 일정 시간 가열해(예: 우유 살균) 미생물 수를 줄이는 방식(저온 살균법)이 있다. 고온에 약한 물품 처리나 식품의 병원체 억제 등에 활용된다.

마. 발효소독(Fermentation Disinfection)

발효 과정에서 생성되는 유기산, 알코올, 항균물질 등은 미생물의 증식을 억제하여 소독 효과를 나타내는 방식이다. 이러한 원리는 주로 식품에서 미생물 오염을 줄이거나 장기간 보관을 가능하게 하기 위해 활용되며, 대표적인 예로는 김치 발효 과정에서의 저온 및 저pH 유지가 있다. 이는 전통적으로 식품의 안전성과 저장성을 높이는 데 널리 사용되어 왔으며, 병원체를 완전히 사멸시키기보다는 그 증식을 억제하는 데 더 가깝다.

바. 자외선 소독(UV Disinfection)

자외선(UV-C, 200~280nm)을 쬐어 병원체의 핵산(DNA, RNA)을 손상시켜 증식을 막는다. 주로 공기 중 멸균이나 수질 정화(정수장), 특정 표면(실험실 안전장비 내)을 소독할 때 사용한다. 투과력이 낮아, 빛이 직접 닿는 표면에서만 효과가 크다는 한계가 있다.

사. 기타 소독 방법

- 여과(Filtration): 미세 필터를 통해 병원체를 물리적으로 제거하는 방식(주로 액체·공기 정화에 사용).
- 고압가스 멸균(에틸렌옥사이드 멸균 등): 열에 약한 물품을 소독할 때 쓰이며, 엄밀히 말해 멸균에 가까운 효과를 낸다.

- 전자레인지 · 적외선 가열: 식품 조리나 특정 물품 소독에 응용될 수 있으나, 균질한 소독 효과를 얻기가 어려워 제한적으로 사용한다.

이와 같은 소독 방법들은 대상 물품의 재질과 내열성, 오염 정도, 환경 조건 등에 따라 선택적으로 적용하며, 안전 수칙과 올바른 절차를 지키는 것이 중요하다. 각각의 방법이 갖는 특성과 한계를 정확히 이해해야 최대한의 소독 효과를 낼 수 있다.

③ 소독약 사용 시 일반적인 상식

가. 용법·용량 준수

제품 라벨이나 사용 지침을 꼼꼼히 확인하고, 소독약의 농도와 접촉 시간을 정확히 지키는 것이 중요하다. 필요 이상으로 진하게 사용하면 부작용이나 환경 오염이 발생할 수 있고, 희석해 사용해야 할 때 제대로 희석하지 않으면 효과를 기대하기 어렵다.

나. 오염 물질 제거 후 사용

유기물(혈액, 배설물, 분비물 등)이나 먼지 · 이물질이 표면에 남아 있으면 소독약 효과가 크게 떨어진다. 물리적으로 세척(깨끗이 닦아내기)한 뒤에 소독약을 도포해야 제대로 된 소독 효과가 나타난다.

다. 적절한 보호 장비 착용

화학 물질이므로, 작업 시 보호 장갑 · 마스크 · 보안경 등을 착용하여 사용자의 안전을 확보해야 한다. 피부나 점막에 직접 접촉하면 자극이나 화학 화상을 일으킬 수 있으므로 주의가 필요하다.

라. 소독약 혼합 금지

서로 다른 소독약을 무분별하게 섞어 쓰면, 화학 반응으로 유해가스가 발생하거나 소독 효과가 상쇄될 수 있다. 특히 염소계(표백제)와 산성 물질(식초 · 세정제 등)을 혼합하면 독성 가스가 발생하므로 절대 금해야 한다.

마. 환기 및 안전 보관

소독 작업을 할 때는 환기를 충분히 해야 한다. 밀폐 공간에서 소독약을 대량으로 사용할 경우 호흡기 손상을 유발할 수 있다. 직사광선이나 고온·습기에 노출되지 않도록, 어린이·동물이 접근하기 어려운 곳에 밀봉해 보관한다.

바. 재사용 주의

소독약으로 닦은 헝겊이나 걸레, 일회용 물티슈 등은 일시적으로는 살균 효과가 있더라도, 일정 시간이 지나면 세균에 다시 오염될 수 있다. 이러한 도구를 재사용할 경우 교차 오염의 위험이 있으므로, 오염이 의심되면 즉시 폐기하거나 세탁 후 충분히 건조한 뒤 사용한다.

④ 소독과 멸균에 영향을 주는 주요 요인

가. 미생물의 특성

세균 포자, 결핵균, 바이러스 등 각 병원체의 내성(저항성) 정도에 따라 소독약이 작용하는 시간이 달라진다. 저항성이 강한 포자는 일반 소독약으로 쉽게 제거되지 않아, 강력한 멸균 방법이 필요할 수 있다.

나. 유기물(오염 물질) 존재 여부

혈액, 고름, 분비물 등이 기구나 표면에 묻어 있으면 소독약이 미생물과 직접 접촉하기 어려워 효율이 떨어진다. 세척을 통해 유기물을 제거한 뒤 소독약을 적용해야 제대로 된 효과를 볼 수 있다.

다. 소독약 농도와 접촉 시간

소독약은 권장 농도와 접촉 시간을 정확히 지켜야 작용이 충분히 이루어진다. 지나치게 희석하면 미생물 사멸 효과가 떨어지고, 반대로 너무 진하게 사용하면 기구나 물체가 손상될 수 있으며 안전 문제가 생긴다.

라. 온도와 pH

소독약은 대개 온도가 높을수록 반응 속도가 빨라 효율이 올라가는 경향이 있다. pH가 적절하지 않으면 소독약이 제 기능을 발휘하지 못하거나, 특정 조건에서 화학적 변형이 생길 수 있다.

마. 접촉 면적과 균질성

소독약이 표면 전체에 균일하게 도포되어야 한다. 구석구석 뿌려지지 않거나 기구 구조물 내부에 닿지 않으면 미생물이 남아 있을 수 있다. 마른 표면보다 약간 습윤한 환경에서 소독약이 더 고르게 퍼질 수 있다.

바. 처리 시설 및 장비 상태

오토클레이브, 자외선 살균기 등 멸균 장비의 성능과 상태가 적절해야 규정 온도 · 시간 · 조도를 확보할 수 있다. 장비가 노후되거나 관리가 소홀하면 소독 · 멸균 효과가 저하될 수 있다.

종합적으로, 소독과 멸균의 성공 여부는 미생물 자체의 내성, 환경 조건, 소독약(혹은 멸균 장비) 사용 방법 등 다양한 요소가 맞물려 결정된다. 따라서 대상, 목적, 환경에 맞게 적절한 소독 방법을 선택하고, 안전 수칙을 철저히 지키는 것이 필수이다.

(2) 방역

방역은 감염병의 발생과 확산을 예방 · 통제하기 위한 종합적인 조치와 활동을 일컫는다. 소독, 백신 접종, 격리, 검사 · 검역, 환경 개선, 역학 조사 등의 다양한 수단을 복합적으로 활용해 질병 발생을 최소화하거나, 이미 발생한 질병이 대규모로 퍼지는 것을 효과적으로 차단한다.

① 방역의 이점

① 감염병 예방: 취약 지역이나 집단에서 선제적으로 방역 대책을 실시하면 대규모 유행을 막고, 나아가 엔데믹 · 유행성 질환 발생 수준을 현저히 낮출 수 있다.

② 경제적 손실 감소: 동물 전염병의 경우, 농가 피해나 축산물 가격 급등, 지역경제 위축 등의 악영향을 방지하는 효과가 크다.

③ 공중보건 향상: 사람과 동물 사이를 오가며 발생할 수 있는 인수공통감염병 위험을 줄여, 사회 전체의 건강 수준을 높인다.

② 방역을 해야 하는 이유

① 질병 발생률 및 사망률 감소: 철저한 방역은 감염 확산 속도를 늦추거나 막아 주어, 숙주의 고통과 사망률을 낮출 수 있다.

② 사회적 안정성 유지: 감염병 대유행 시에는 의료 자원의 부족, 사회 전반에 혼란 등이 야기되므로, 선제적 방역은 사회 안정과 생산성 유지에 직결된다.

③ 장기적 비용 절감: 방역 조치를 소홀히 했다가 대규모 유행이 발생하면, 치료비·방역비가 훨씬 커질 뿐만 아니라 산업 전반에 악영향을 미친다. 조기 예방과 관리가 비용 대비 효율이 높다.

〈표 4-3〉 소독제의 종류와 특징

계열	종류	특징
알칼리제 (Alkaline Disinfectants)	가성소다 (수산화나트륨, NaOH) 소석회 (수산화칼슘, $Ca(OH)_2$)	• 높은 pH 환경을 조성해 미생물의 세포벽·단백질을 변성시키거나 용해한다. • 농도가 강할수록 살균력이 높지만, 피부·점막에 대해 자극성이 매우 크고, 금속 표면을 부식시킬 수 있으므로 취급에 주의가 필요하다. • 동물 농장 등에서 대규모 환경 소독 시 빈번히 사용되며, 유기물 제거 효과도 어느 정도 기대할 수 있다.
산성제 (Acidic Disinfectants)	아세트산(초산), 젖산(락틱에시드), 구연산 등	• 산성 환경을 통해 미생물의 효소나 세포막 구성 물질을 교란하거나 변성시킨다. • 금속 소재 등을 부식시키는 위험이 있으므로 적용 대상 물품·표면에 맞게 농도와 접촉 시간을 엄격하게 조절해야 한다. • 식품 공정에서 pH를 낮춤으로써 세균 번식을 억제하는 용도로 자주 활용된다.

계열	종류	특징
알데하이드계 (Aldehydes)	포름알데히드 (Formaldehyde) 글루타르알데히드 (Glutaraldehyde)	• 단백질이나 핵산 등의 분자를 교차결합(cross-link)시켜 미생물을 사멸 또는 불활성화한다. • 고온 멸균이 어려운 기구(내시경 등)의 살균 · 고수준 소독에 종종 사용된다. • 냄새가 강하고 독성이 높으며, 사용자나 환경에 유해할 수 있어 환기 · 보호장비 착용 등 안전 조치가 필수이다.
산화제 (Oxidizing Agents)	과산화수소(H_2O_2), 과초산(Peracetic acid) 차아염소산나트륨 (가정용 표백제, NaOCl), 오존(O_3)	• 강력한 산화력을 통해 세포막 지질, 단백질, 핵산 등을 파괴해 미생물을 사멸한다. • 광범위한 미생물에 효과적이지만, 농도가 높으면 취급에 유의해야 한다(금속 부식, 인체 자극 가능). • 차아염소산나트륨(표백제)은 가격이 저렴하고 구하기 쉬워 가정 · 산업 현장 모두에서 가장 널리 활용되지만, 유기물 존재 시 살균력이 급격히 저하될 수 있어 사전 세척이 중요하다.

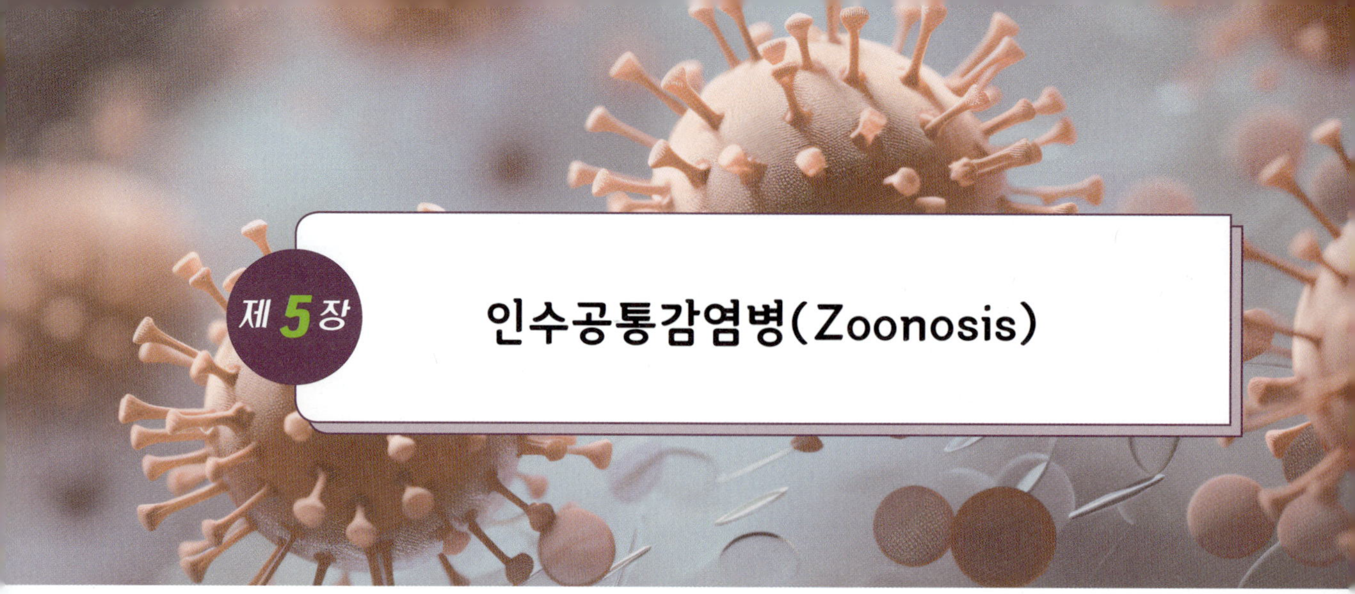

제 5 장 인수공통감염병(Zoonosis)

1 인수공통감염병의 개요

인류는 오랜 역사 속에서 동물과 공존하며 발전해 왔다. 현대 사회에서도 많은 사람들이 동물과 함께 생활하고 있으며, 식량 · 섬유 · 경제 활동 · 여가 · 교육 등 다양한 가치를 얻고 있다. 그러나 이러한 긴밀한 관계 속에서 동물로부터 인간에게 전파되는 질병, 즉 인수공통감염병(Zoonotic Diseases)의 위협이 지속적으로 제기되고 있다.

인수공통감염병은 세균(박테리아), 바이러스, 기생충 등 다양한 병원체에 의해 발생하며, 사람과 동물 간의 직접적인 접촉뿐만 아니라 오염된 음식, 물, 환경을 통해서도 감염될 수 있다. 미국 질병통제예방센터(Centers for Disease Control and Prevention, CDC)에 따르면, 인간 감염병의 약 60%가 동물에서 기원하며, 새롭게 출현하는 감염병의 75%가 인수공통감염병으로 분류된다. 일부 질병은 동물에서 인간으로 전파된 후 변이를 거쳐 인간 간 전염이 지속되기도 하며, 에볼라 바이러스 질환이나 살모넬라증처럼 주기적으로 발생하는 감염병도 있다. 또한 COVID-19과 같은 신종 바이러스는 급속히 확산되어 전 세계적 팬데믹을 유발하며 공중보건에 심각한 영향을 미친다.

이처럼 인수공통감염병은 신종 감염병의 주요 원인으로 작용하며, 국제 보건 기구와 전문가들은 이를 중요한 공중보건 위협으로 간주하고 있다. 따라서 인수공통감염병에 대한 이해도를 높이고 효과적인 예방 전략을 마련하는 것은 공중보건뿐만 아니라 농업, 축산업 및 경제적 안정성 확보를 위해 필수이다.

1) 인수공통감염병의 정의

인수공통감염병(Zoonotic Diseases)이라는 용어는 그리스어 'Anthropozoonosis'에서 유래했으며, 'Anthropos'는 인류, 'Zoo'는 동물, 'nosis'는 질병을 의미한다. 이를 직역해 보면 '사람과 동물이 함께 감염되는 질병'이라는 뜻이 된다. 즉, 인수공통감염병이란 동물과 사람 간에 서로 전파되는 병원체에 의하여 발생되는 감염병을 의미한다.

병원체는 자연 상태에서 동물을 숙주로 삼다가 인간에게 전염될 수도 있으며, 반대로 인간이 동물에게 감염을 유발하는 경우도 포함된다. 감염 경로는 직접 접촉뿐만 아니라 오염된 환경, 식품, 물, 공기를 통한 간접적 전파 또는 모기, 진드기와 같은 매개체를 통해 이루어질 수 있다.

세계보건기구(WHO)는 인수공통감염병을 "동물과 인간 간에 직·간접적으로 전파될 수 있는 감염병"으로 정의하고 있으며, 현재까지 250여 종의 인수공통감염병이 확인되었다. 대표적인 예로는 중증호흡기증후군(SARS), 브루셀라병, 조류독감, 탄저병 등이 있으며, 이는 인간과 동물이 밀접하게 공존하는 환경에서 발생할 가능성이 높다.

인수공통감염병은 단순히 개인의 건강 문제를 넘어 사회적·경제적 안정성과도 밀접한 관련이 있다. 이에 따라 예방과 관리 방안을 마련하는 것이 공중보건과 관련 산업의 지속 가능성을 확보하는 중요한 과제로 여겨지고 있다.

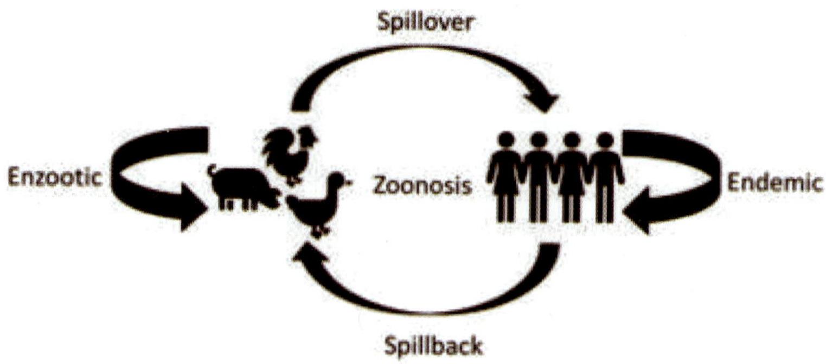

[그림 5-1] Zoonotic Diseases

출처: Daly, J. M. (2021).

2) 인수공통감염병의 분류

인수공통감염병은 여러 가지 기준에 따라 분류 가능한데, 전파 방향 · 전파 양식 · 병원체의 life cycle · 생태계 범주에 따라 분류할 수 있다(Keenan et al., 2024).

〈표 5-1〉 인수공통감염병 분류 기준표

분류 방법	전파 방향	병원체의 life cycle	생태계 범주	병원체 유형
분류기준	anthrophozoonoses amphizenoses zooanthroponoses	directzoonosis metazoonosis cyclozoonosis saprozoonosis	sylvatic(야생형) peridomestic(반가축형) domestic(가축형)	박테리아 바이러스 진균 원충 기생충 프리온

출처: Zoonotic disease classification in wildlife: a theoretical framework for researchers (Mammal Review Volume54, Issue1 (2024) 63-77 Mammal Review published by Mammal Society and John Wiley & Sons Ltd.)

(1) 전파 방향에 의한 분류

① Anthropozoonoses

동물을 주요 숙주로 삼고 있다가 인간에게 전파되는 감염병을 의미한다. 주로 직접 접촉, 오염된 환경, 혹은 매개체(모기, 진드기 등)를 통해 전파되며, 사람에게 감염된 이후에는 추가 전파가 일어나지 않는 경우가 많다.

대표적인 예로는 감염된 동물의 타액을 통해 전파되는 광견병(Rabies), 오염된 동물 제품과 접촉하여 발생하는 탄저병(Anthrax), 감염된 가금류와의 접촉으로 전염될 수 있는 조류 인플루엔자(Avian Influenza, H5N1) 등이 있다.

② Zooanthroponoses

병원체가 인간을 숙주로 유지하다가 동물에게 감염되는 특징을 가진다. 직접 접촉, 오염된 환경, 체액(타액, 혈액 등), 공기 중 에어로졸을 통해 동물에게 감염될 수 있다.

대표적인 예로는 결핵(Tuberculosis), 홍역(Measles), 인플루엔자(Influenza) 등이 있으며, 결핵균(Mycobacterium tuberculosis)은 인간 환자로부터 소, 개, 침팬지 등 다양한 동물로 전파될 수 있다. 또한 인간 홍역 바이러스가 유인원에게 감염되는 사례가 보고된 바 있으며, 인간 독감 바이러스가 돼지나 조류와 같은 동물에 감염되어 변이를 일으킬 가능성도 있다.

③ Amphizenoses

병원체가 인간과 동물 사이에서 서로 전파되며 지속적으로 순환하는 특징을 가진다. 직접 접촉, 오염된 환경, 오염된 식품, 체액, 또는 매개체에 의해 전파될 수 있으며, 인간과 동물 모두에서 감염 및 발병 가능하다.

대표적인 예로는 살모넬라증(Salmonellosis), 브루셀라증(Brucellosis), 포도상구균(Staphylococcus aureus) 감염증 등이 있다. 살모넬라균(*Salmonella* spp.)은 감염된 동물(가금류, 소, 돼지 등)로부터 인간에게 전파될 수 있으며, 반대로 인간 감염자가 동물을 오염시키는 경우도 발생할 수 있다. 브루셀라증 역시 가축(소, 양, 염소)과 인간 사이에서 감염이 이루어질 수 있으며, 포도상구균 감염은 병원 환경에서 인간과 동물 간 상호 전파될 수 있는 대표적인 사례이다.

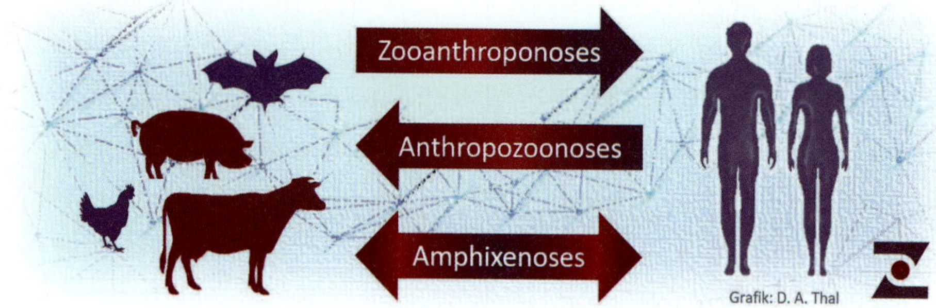

[그림 5-2] Classification of zoonoses by main direction of infection

출처: https://zoonosen.net/en/zoonosenforschung/what-are-zoonoses

(2) 병원체의 life cycle에 의한 분류

① Direct zoonoses

병원체가 매개체나 환경을 거치지 않고, 감염된 동물과의 직접적인 접촉을 통해 인간에게 전파되는 유형이다. 타액, 혈액, 분비물, 배설물, 피부 접촉, 물림 또는 긁힘 등을 통해 전파될 수 있으며, 병원체가 숙주에서 큰 변이 없이 그대로 유지된다는 특징이 있다.

대표적인 예로는 광견병(Rabies), 탄저병(Anthrax), 브루셀라증(Brucellosis) 등이 있다. 광견병 바이러스는 감염된 동물(개, 박쥐 등)의 물림을 통해 인간에게 직접 전파되며, 탄저병은 감염된 동물과의 피부 접촉 또는 오염된 고기 섭취를 통해 감염될 수 있다. 브루셀라증 역시 감염된 가축(소, 양, 염소)과의 직접 접촉이나 비살균 유제품 섭취를 통해 전파된다.

Direct Zoonoses는 감염된 동물과의 밀접한 접촉으로 인해 전파 위험이 커질 수 있으므로, 반려동물과 가축의 예방 접종, 야생 동물과의 불필요한 접촉 회피, 철저한 위생 관리 등이 필수적인 예방 전략으로 강조된다.

② Cyclozoonoses

병원체가 두 개 이상의 척추동물 숙주(host)를 거치면서 주기적으로 전파되는 유형이다. 무척추동물 매개체(곤충, 진드기 등)를 거치지 않고, 감염성 병원체가 여러 척추동물 숙주 사이에서 순환하며 생활사를 지속하는 특징이 있다.

대표적인 예로는 촌충 감염(Taeniasis, Cysticercosis, Echinococcosis), 선모충증(Trichinellosis), 광절열두조충증(Diphyllobothriasis) 등이 있다. 촌충 감염의 경우, 유구조충(*Taenia solium*)은 돼지를 중간 숙주로 삼아 인간에게 전파되며, 무구조충(*Taenia saginata*)은 소를 중간 숙주로 삼아 인간에게 감염된다. 또한 포충증(*Echinococcosis*)은 갯과 동물과 초식동물(양, 소 등) 사이에서 감염이 유지되며, 인간이 우연히 감염될 경우 심각한 건강 문제가 발생할 수 있다.

Cyclozoonoses의 감염을 예방하기 위해서는 가축 및 야생 동물의 감염 관리, 위생적인 식품 섭취, 철저한 조리 과정이 필수적이며, 특히 인체에 치명적인 영향을 미칠 수 있는 병원체에 대한 공중보건학적 감시가 중요하다.

③ Metazoonoses

병원체가 무척추동물 매개체(곤충, 진드기 등)를 거쳐 사람에게 전파되는 유형이다. 병원체가 절지동물(Arthropods)과 같은 매개체를 거치면서 발육 및 증식을 거친 후, 감염력을 획득한 상태로 사람에게 전파된다는 특징을 가진다.

대표적인 예로는 말라리아(Malaria), 뎅기열(Dengue fever), 라임병(Lyme disease), 일본뇌염(Japanese encephalitis) 등이 있다. 말라리아는 모기(*Anopheles* spp.)를 매개로 하는 기생충 감염병이며, 뎅기열은 숲모기(*Aedes aegypti*, *Aedes albopictus*)를 통해 전파되는 바이러스 질환이다. 라임병은 검은다리진드기(*Ixodes scapularis*)를 매개로 하는 세균 감염병이며, 일본뇌염 바이러스는 집모기(*Culex tritaeniorhynchus*)를 통해 사람에게 감염될 수 있다.

Metazoonoses는 병원체가 벡터 내에서 일정한 발육 단계를 거쳐야 감염력을 획득하는 특징이 있으며, 이러한 발육 과정에 따라 사이클이 비교적 길어질 수 있다. 이에 따라 Metazoonoses는 병원체가 벡터 내에서 단순 증식하는 경우(예: 야토병, 서나일열)와 매개체 내에서 형태학적 변화를 거치는 경우(예: 뎅기열, 수면병)로 구분될 수 있다.

Metazoonoses의 예방을 위해서는 매개체의 생태를 고려한 감시 체계 구축,

매개체 박멸 전략(살충제 사용, 서식지 제거), 백신 접종 및 개인 보호 조치(모기장 사용, 긴 옷 착용) 등이 필수적이며, 감염병의 지역적 특성을 반영한 공중보건 대책이 필요하다.

④ Saprozoonoses

환경(토양, 물, 식물 등)을 매개로 하여 병원체가 동물이나 사람에게 전파되는 유형이다. 무생물 환경에서 병원체가 존재하고, 오염된 환경을 통해 동물이나 인간에게 감염되는 특징을 가진다. 병원체는 환경에서 증식하지 않지만, 사람이나 동물이 환경과 접촉하면서 감염될 수 있다.

대표적인 예로는 보툴리누스 중독(Botulism), 렙토스피라증(Leptospirosis), 캠필로박터증(Campylobacteriosis) 등이 있다. 보툴리누스 중독은 *Clostridium botulinum* 균이 환경에서 성장하여 오염된 식품을 통해 사람에게 전염되는 질병이다. 렙토스피라증은 렙토스피라균(*Leptospira* spp.)이 오염된 물이나 토양을 통해 동물과 사람에게 전파된다. 캠필로박터증은 캠필로박터균(*Campylobacter* spp.)이 오염된 식수나 식품을 통해 전파되며, 주로 가축에서 사람으로 전염된다.

Saprozoonoses를 예방하기 위해서는 환경의 청결 유지, 물과 식품의 위생 관리, 동물과의 접촉 후 손 씻기, 감염된 환경을 피하는 등의 조치가 필요하다. 특히 환경 오염이 주요 원인이므로, 오염된 지역에서의 예방 활동이 중요하다.

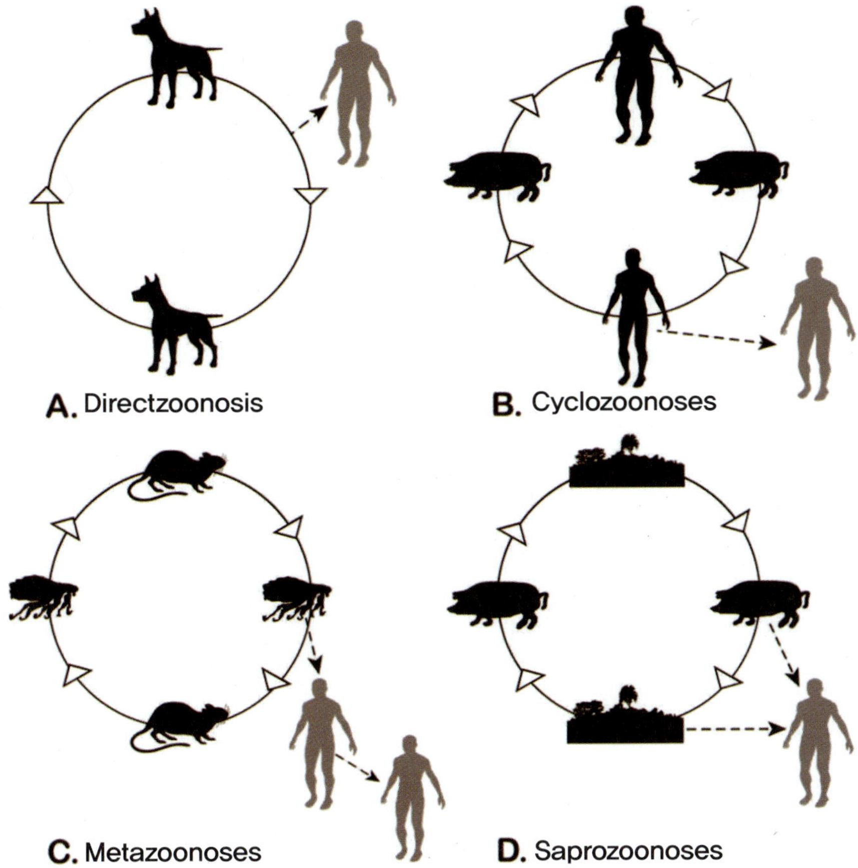

[그림 5-3] 병원체의 life cycle에 의한 인수공통감염병의 분류

출처: https://journals.upress.ufl.edu/bioarchaeology/article/view/1634/2055

(3) 생태계 범주에 의한 분류

생태계 범주에 따라 야생형(Sylvatic), 반가축형(Peridomestic), 가축형(Domestic)으로 분류할 수 있다.

① 야생형(Sylvatic)

야생형은 주로 야생 동물에서 발생하며, 자연 생태계 내에서 병원체가 유지되고 전파되는 질병이다. 야생 동물 개체군에서 병원체가 자연적으로 전파되며, 사람은 자연환경과의 접촉을 통해 감염될 수 있다. 예를 들어, 에볼라 바이러스(Ebola Virus)와 한타 바이러스 감염증(Hantavirus)이 대표적이다.

② 반가축형(Peridomestic)

반가축형은 야생 동물과 가축 및 인간의 생활권이 혼재된 환경(농장, 도시 주변, 반(半)야생 환경 등)에서 발생하는 전염병이다. 이 범주는 야생 동물, 가축, 그리고 사람이 서로 상호 작용하는 지역에서 발생하는 질병을 포함한다. 대표적인 예로는 도시의 설치류를 매개로 한 렙토스피라증(Leptospirosis)과 반가축 환경에서 발생하는 조류 인플루엔자(Avian Influenza)가 있다.

③ 가축형(Domestic)

가축형은 가축 및 반려동물과 관련된 환경에서 발생하는 전염병이다. 가축이나 반려동물과의 밀접한 접촉을 통해 인간에게 전파된다. 대표적인 예로는 광견병(Rabies), 브루셀라증(Brucellosis), 소 결핵(Bovine Tuberculosis)이 있다.

이처럼 생태계 범주에 따른 분류는 각 인수공통감염병이 발생하는 환경을 이해하고, 효과적인 예방 및 관리 전략을 수립하는 데 중요한 역할을 한다.

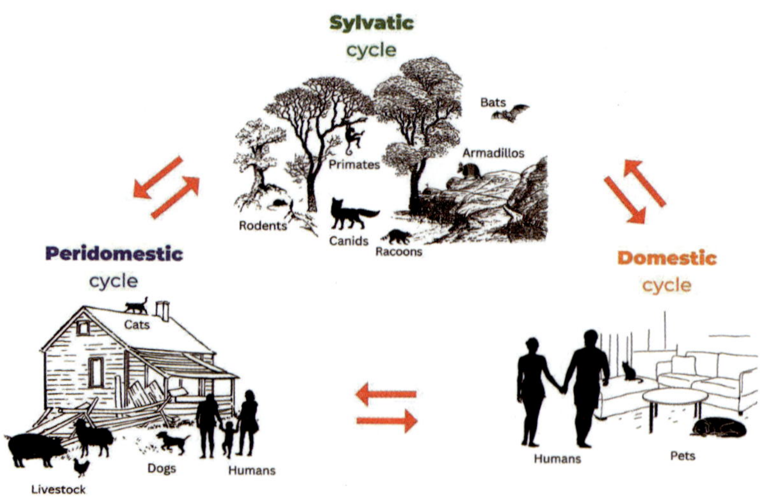

[그림 5-4] 생태계 범주에 의한 인수공통감염병의 분류

출처: https://animaldiseases.biomedcentral.com/articles/10.1186/s44149-024-00111-4

(4) 병원체 유형에 의한 분류

첫째, 박테리아에 의한 인수공통감염병으로, 결핵, 패혈증, 렙토스피라증 등이 있으며, 이들 질병은 감염된 동물의 배설물이나 상처를 통해 사람에게 전염될 수 있다.

둘째, 바이러스에 의한 인수공통감염병에는 광견병, 조류 인플루엔자, 에볼라 등이 있으며, 주로 감염된 동물의 타액이나 체액과의 접촉을 통해 전파된다.

셋째, 기생충에 의한 인수공통감염병으로 말라리아, 톡소플라즈마증, 기생충성 장티푸스 등이 있으며, 오염된 물이나 음식, 감염된 동물과의 접촉을 통해 전염될 수 있다.

넷째, 진균에 의한 인수공통감염병으로, 피부사상균증과 히스토플라즈마증이 있으며, 감염된 동물의 배설물이나 접촉을 통해 전파된다.

다섯째, 프리온에 의한 인수공통감염병으로, 광우병과 크로이츠펠트-야콥병이 있으며, 변형된 단백질인 프리온이 원인으로, 감염된 고기나 신경 조직을 섭취함으로써 전염될 수 있다.

이러한 인수공통감염병은 각기 다른 전염 경로와 증상을 보이므로, 예방과 관리에 각 병원체별 특성을 고려한 접근이 필요하다.

2 인수공통감염병의 종류

1) 세균성 인수공통감염병

(1) 결핵(Tuberculosis)

결핵은 *Mycobacterium tuberculosis* 및 *Mycobacterium bovis*에 의해 발생하는 전염병이다. 이 질병은 주로 소, 양, 돼지, 개 등 가축과 야생 동물에 영향을 미친다. 사람에게도 전염될 수 있으므로, 동물에서 사람으로의 전파 가능성을 고려한 공중보건학적 관리가 필요하다. 결핵은 감염된 동물의 배설물, 호흡기 분비물 등을 통해 전파될 수 있다.

① 병원체

- *Mycobacterium tuberculosis*(사람), *M. bovis*(소, 돼지, 양 등)
  - 느리게 증식하는 그람 양성 세균
  - 산성알콜 저항성(acid-fast bacilli)으로 일반적인 염색법으로는 확인이 어려움
  - 특수 염색법인 Ziehl-Neelsen 염색법으로 관찰 가능
  - 동물에서 주로 호흡기 계통에 영향을 미치며, 폐결핵과 림프절 결핵이 흔히 발생함
  - 비장, 간, 신장 등 다른 장기에도 영향을 미칠 수 있음

② 전파 양식

- 동물 간 접촉을 통해 전파
- 기침, 재채기, 배설물 등을 통해 결핵균을 배출
- 소, 돼지, 양 등은 밀접하게 접촉하는 경향이 있어 전파 위험이 큼
- 사람에게도 전염될 수 있으므로 동물에서 사람으로의 전파를 차단하기 위한 관리가 필요

③ 주요 증상

- 지속적인 기침과 호흡 곤란
- 체중 감소 및 식욕 부진
- 발열, 야간 발한(특히 돼지나 소에서 나타날 수 있음)
- 호흡기 이상 또는 림프절 부종
- 비장, 간 등의 장기 부위에 결핵성 병변

④ 예방 및 관리

- BCG 백신 접종

- 치료는 항결핵제(이소니아지드 (INH), 리팜핀 등) 투여
- 감염이 의심되는 동물은 격리 조치하고 추가 검사 및 예방 조치 실시
- 동물에서의 결핵은 치료가 어려운 경우가 많으므로 예방적 관리와 검사가 중요

⑤ 진단

- Tuberculin skin test(TST)
- interferon-gamma assay
- 결핵균 배양 검사
- 유전자 증폭 검사(Polymerase Chain Reaction, PCR)
- 병리조직학적 진단 등

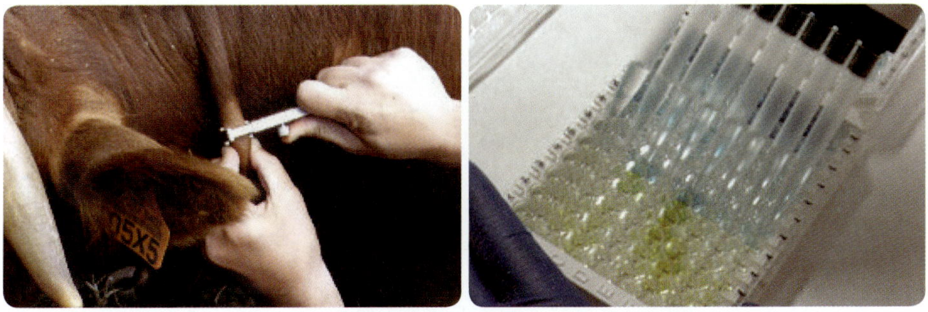

[그림 5-5] Intradermal tuberculin test measure & Interferon-gamma immunoassay

출처: https://www.visavet.es/bovinetuberculosis/animal-tb/diagnosis.php

(2) 탄저(Anthrax)

탄저는 *Bacillus anthracis*라는 그람 양성 세균에 의해 발생하는 전염병으로, 주로 소, 양, 염소, 말 등의 초식동물에서 발생한다. 그러나 사람을 포함한 다양한 동물에게도 전염될 수 있다. 이 질병은 농업 및 축산업에서 중요한 경제적 영향을 미칠 수 있으며, 사람과 동물 모두에게 잠재적인 공중보건 위험을 초래한다. 탄저는 전염병으로, 법적으로 규제되는 질병 중 하나이다.

① 병인체

- *Bacillus anthracis*
  - 그람 양성, 아포(Spore*) 형성 세균
  - 매우 강한 내구성을 가지며, 극한의 환경에서도 생명력을 유지
  - 오염된 풀, 물, 토양 등에서 발견되며, 동물이 아포를 섭취하거나 피부에 접촉 시 감염

아포(spore)

아포 또는 포자라고도 하며, 일부 세균이나 곰팡이류가 열악한 환경 조건에서 생존하기 위해 생명 활동을 멈추고 휴면 상태로 유지되는 세포 구조이다. spore를 형성하는 대표적인 예로는 *Bacillus anthracis*, *Clostridium botulinum*, Aspergillus, Penicillium 등이 있다.

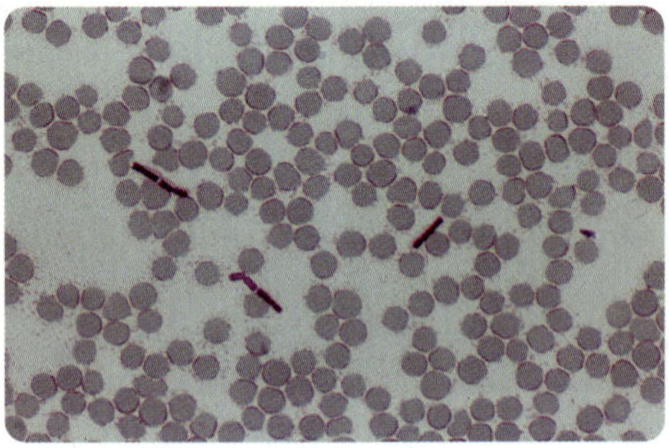

[그림 5-6] Blood smear stained with giemsa

출처: https://repository.up.ac.za/bitstream/handle/2263/32569/b.ant-004.jpg?sequence=2&isAllowed=y

② 전파 양식

- 감염 동물의 분비물이나 배설물에 직접적 접촉
- 탄저균 아포에 오염된 풀이나 물, 토양을 통한 간접 전파
- 주로 피부 상처, 호흡기 흡입, 오염된 식품 섭취를 통해 전파

③ 주요 증상

- 소화기형 탄저: 구토, 설사, 복통, 급격한 체중 감소 등

- 호흡기형 탄저: 호흡 곤란, 고열, 기침, 피가 섞인 분비물
- 피부형 탄저: 피부에 붉은 반점과 염증이 유발되며, 경과 진행 시 궤양 및 가피 형성
- 급성 탄저: 감염 후 급격한 증상 발현으로 동물이 빠른 시간 내에 사망할 수 있음

④ 예방 및 관리

가. 예방

- 백신 접종: 소, 양, 염소 등 탄저 위험 지역의 초식동물에 정기 예방 접종 실시
- 환경 관리: 감염된 지역의 물, 풀, 토양 및 주변 환경 관리를 통하여 아포 확산 방지
- 오염된 사체 처리: 감염 동물의 사체는 즉시 매몰 및 소각하여 다른 동물로의 전파 방지

나. 치료

- 페니실린, 시프로플록사신, 독시사이클린 등의 항생제 치료
- 탄저균의 아포는 항생제 내성이 있으므로 아포가 활성화되기 전 조기 치료가 중요

⑤ 진단

- 혈액 도말 표본 검경을 통해 협막을 가진 간균 관찰
- 의심되는 동물의 조직이나 배설물에서 *Bacillus anthracis*를 배양
- 유전자 증폭 검사(PCR)를 통해 *Bacillus anthracis*를 특이적으로 검출
- 사망한 동물의 피부, 비장 등 장기의 육안 병변 관찰 및 조직병리학적 검사로 확진

(3) 브루셀라증(Brucellosis)

브루셀라증은 *Brucella* 균에 의해 발생하는 만성 전염병으로, 주로 소, 양, 염소, 돼지, 개 등 다양한 동물에서 발생한다. 주로 생식기계에 영향을 미쳐 유산, 불임, 발육 부진 등의 문제를 일으킨다. 브루셀라균은 감염된 동물의 분비물, 배설물, 수정액 등을 통해 전파되며, 사람에게는 직업병으로 주로 발생한다. 만성화되어 장기적인 증상을 일으킬 수 있어 농업 및 축산업에서 중요한 문제로, 예방 백신과 위생 관리가 필수적이다.

① 병원체

- *Brucella abortus*(소), *B. melitensis*(염소, 양), *B. suis*(돼지), *B. canis*(개)
  - 그람 음성 세균이며, 주로 혈액, 생식기, 임신 중인 자궁에서 관찰됨

② 전파 양식

- 감염 동물의 분비물(특히 분만 후 분비물), 배설물, 수정액 등을 통한 직접 접촉
- 감염 동물의 호흡기 분비물이나 먼지를 통해 공기 중으로 전파
- 감염 동물의 비위생적인 고기, 우유, 유제품을 섭취함으로써 전파

③ 주요 증상

- 반복적인 유산, 불임, 발열, 호흡기 증상, 체중 감소 등
- 일부는 무증상 보균 상태로 전파원 역할
- 재발이 흔하고 치료가 어려움

④ 예방 및 관리

가. 예방

- 백신 접종
- 감염 동물과의 접촉을 최소화하고, 동물의 분비물이나 배설물의 처리 및 농장 위생 철저히 관리
- 감염 의심 동물은 즉시 격리하고, 감염 동물은 도살 및 매몰을 고려

- 감염된 우유나 고기는 폐기하여 사람으로의 전파 차단
- 감염 우려가 높은 농업 및 축산업 종사자 대상의 예방 교육 및 조치 실시

나. 치료

- 치료 후에도 불현성 감염 가능성이 존재하므로 공중보건 차원에서 살처분 원칙 적용
- 사람에서는 항생제 치료(독시사이클린과 스트렙토마이신 또는 리팜핀의 병용 요법) 실시

⑤ 진단

- 유산, 불임, 발육 지연, 호흡기 문제 등의 임상적 징후가 관찰됨
- 혈청학적 검사를 통한 *Brucella* 항체 확인
  - Rose Bengal Test, *Brucella* Milk Ring Test, Complement Fixation Test 등
- *Brucella* 균 배양 검사
- 유전자 증폭 검사(PCR)를 통해 *Brucella* 균을 특이적으로 검출

(4) 렙토스피라증(Leptospirosis)

렙토스피라증은 *Leptospira*속의 스피로헤타(나선형 박테리아)에 의해 발생하는 전염성 질병으로, 쥐, 개, 소, 돼지, 말 등 다양한 동물에게 영향을 미친다. 이 질병은 오염된 환경에서 노출되기 쉬운 농업 종사자나 축산업 종사자에게 감염 기회가 높으며, 고온다습한 환경에서 발생률이 높아 전 세계적으로 열대 및 아열대 지역에서 자주 발생한다.

① 병원체

- *Leptospira interrogans*속의 여러 혈청형

② 전파 양식

- 감염된 동물의 소변 또는 배설물에 직접 접촉하거나 상처를 통해 감염
- 물이나 흙, 풀 등 오염된 환경에 의해 전파

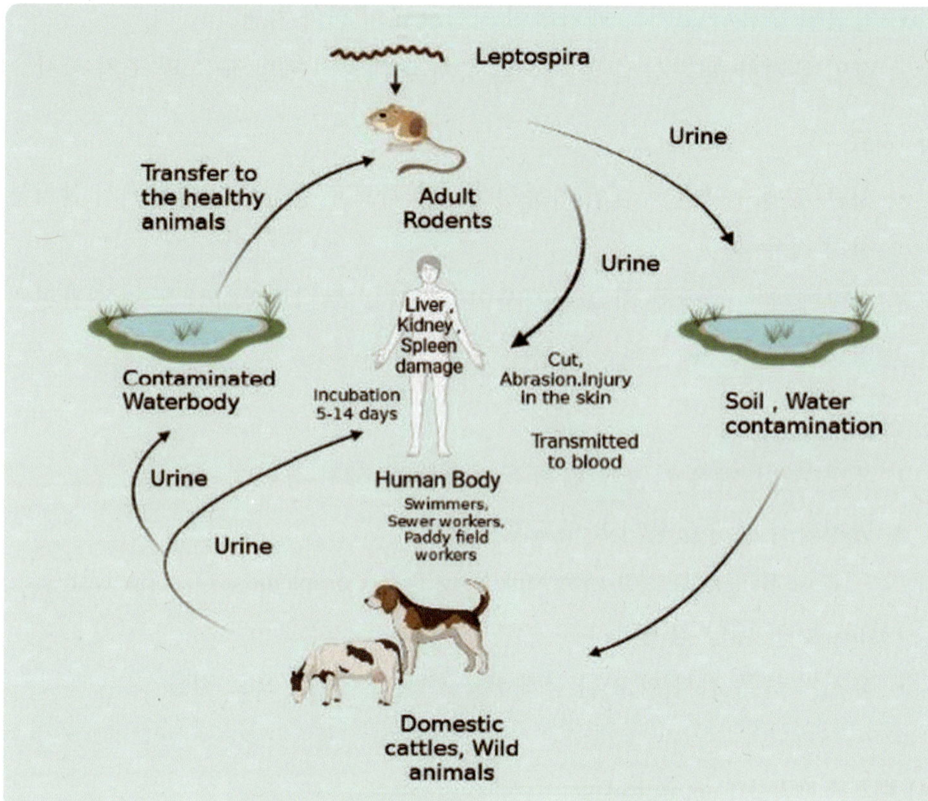

[그림 5-7] Transmission cycle of leptospirosis

출처: Cleavage of cell junction proteins as a host invasion strategy in leptospirosis. Applied Microbiology and Biotechnology (2024) 108:119 (https://www.researchgate.net/publication/377302927_Cleavage_of_cell_junction_proteins_as_a_host_invasion_strategy_in_leptospirosis)

③ 주요 증상

가. 동물

- 발열: 급성 감염 시 고열 발생
- 황달: 간염이 발생하여 피부와 안구 점막이 황변
- 신장 손상: 급성 신부전으로 신장 기능 저하 발생
- 호흡기 증상: 기침, 호흡 곤란
- 소화기 증상: 구토, 식욕 부진

나. 사람

- 급성: 갑작스러운 고열, 두통, 근육통, 피로감, 구토, 설사 등이 관찰됨
- 만성: 신부전, 호흡 부전, 간염, 뇌막염 등
- Weil's disease(Weil병): 중증의 형태로 고열, 황달, 신부전, 출혈 및 저혈압 쇼크 등
- 기타 증상: 렙토스피라성 포도막염, 출혈성 발진 등

④ 예방 및 관리

가. 예방

- 백신 접종
- 감염된 물질과의 접촉을 피하고, 환경을 청결하게 유지 관리
- 농업 종사자나 축산업 종사자는 보호 장비를 착용

나. 치료

- 독시사이클린, 페니실린, 아목시실린 등의 항생제
- 급성 신부전이나 간염 등의 심각한 증상의 경우 수액 요법 및 혈액 투석과 같은 보조 치료 필요

⑤ 진단

- 발열, 황달, 신부전 등 임상 증상을 기반으로 감염 의심
- 혈청학적 검사: Microscopic Agglutination Test(MAT)
- *Leptospira* 균 배양 검사
- 유전자 증폭 검사(PCR)를 통해 *Leptospira* 균 검출

(5) 비저(Glanders, Malleus)

비저는 *Pseudomonas mallei*라는 세균에 의해 발생하는 인수공통감염병으로, 주로 말에서 발생하지만, 사람을 포함한 다른 동물에게도 전염될 수 있다. 이 질병은 급성 및 만성 감염을 유발하며, 호흡기나 피부를 통해 전염될 수 있다. 현

재는 발생률이 매우 낮고 제한적이지만, 생물학적 무기로 악용될 수 있는 잠재력 때문에 세계적인 관리와 예방이 중요한 질병으로 여전히 규제되고 있다.

① 병원체

- *Pseudomonas mallei*
  - 그람 음성 세균
  - 주요 숙주는 말
  - 고온 다습한 환경에서 주로 발생

② 전파 양식

- 감염 동물의 분비물(콧물, 침, 땀, 소변 등)에 직접 접촉하거나 오염된 환경에서 전파
- 농장 종사자나 수의사 등과 같이 감염된 동물과 밀접한 접촉을 하는 사람에서 감염 확률이 높음

③ 주요 증상

가. 동물

- 급성형: 고열, 호흡 곤란, 콧물, 기침, 피부에 궤양(특히 얼굴과 사지), 결막염, 림프선 부종 등
- 만성형: 반복적 발열, 호흡기 증상과 함께 피부의 궤양과 결핵성 병변 지속
- 사망: 치료가 늦어지면 급성형에서 폐렴이나 패혈증으로 인해 사망에 이를 수 있음

나. 사람

- 호흡기 증상: 고열, 기침, 호흡 곤란, 흉통 등
- 피부 증상: 상처 부위에 고름이나 궤양 발생
- 중추신경계 증상: 두통, 발열, 목 통증과 같은 수막염 증상도 동반
- 기타: 전신 쇠약이나 체중 감소 등

④ 예방 및 관리

가. 예방

- 예방 백신 접종
- 위생 관리를 철저히 하여 감염 동물과의 접촉을 피하고, 농장 내 청결 유지
- 감염 동물은 비감염 동물들과 격리하여 전파 방지
- 감염 동물과 접촉 시 보호 장비를 착용하여 감염 위험 최소화

나. 치료

- 스트렙토마이신이나 아목시실린과 같은 항생제 치료
- 조기 치료가 이루어지지 않으면 폐렴이나 패혈증 등으로 악화되어 사망에 이를 수 있음

⑤ 진단

- *Pseudomonas mallei* 균 배양 검사
- 유전자 증폭 검사(PCR)
- 혈청학적 검사로 항체 검출
- 조직병리학적 검사

(6) 유비저(Melioidosis)

유비저는 *Burkholderia pseudomallei*라는 그람 음성 세균에 의해 발생하며, 주로 동남아시아와 북호주 지역에서 발생한다. 이 질병은 호흡기, 피부, 소화기, 비뇨기 등 다양한 경로를 통해 감염될 수 있으며, 급성 또는 만성의 형태로 나타날 수 있다. 감염이 심각해지면 패혈증과 장기 부전을 초래할 수 있다.

① 병원체

- *Burkholderia pseudomallei*
  - 그람 음성 세균
  - 토양과 물에서 발견되며, 열대 및 아열대 지역의 환경에서 자주 존재

– 생명력이 강하며, 다양한 환경에서 생존하여 사람과 동물에 전파

② 전파 양식

- 오염된 토양과 물에서 피부 상처, 호흡기, 소화기 등을 통해 감염
- 면역력이 약한 동물과 사람에서 감염률이 높음

③ 주요 증상

가. 동물

- 급성형: 고열, 기침, 호흡 곤란, 피부 궤양, 패혈증 등을 포함하며, 중증으로 경과 시 사망
- 만성형: 체중 감소, 기력 저하, 만성 호흡기 증상, 림프절 부종 등이 점진적으로 발현

나. 사람

- 급성형: 고열, 기침, 호흡 곤란, 피부 궤양, 패혈증 등이 급격히 나타나고, 중증으로 경과 시 사망
- 만성형: 체중 감소, 두통, 지속적인 열, 기침 등이 동반되며, 간, 폐, 신장 등 여러 장기에 영향

④ 예방 및 관리

가. 예방

- 감염 동물이나 감염이 의심되는 환경에서 작업 시 접촉을 최소화하고 보호 장비 착용
- 유비저의 초기 증상을 빠르게 파악하여 의심되는 동물이나 사람을 격리함으로써 추가 전파 차단

나. 치료

- 세프라지딤(ceftazidime), 메로페넴(meropenem), 독신사이클린(doxycycline) 등의 항생제 치료
- 감염의 중증도에 따라 치료 기간이 길어질 수 있음

- 급성기에 빠르게 치료하지 않으면 패혈증이나 장기 부전이 발생하여 사망에 이를 수 있음
- 호흡 부전이나 신장 손상 등의 합병증 시, 호흡기 치료나 수액 요법 등의 보조 치료 실시

⑤ 진단

- *Burkholderia pseudomallei* 균 배양 검사
- 유전자 증폭 검사(PCR)
- 호흡기 증상이 있을 경우, 흉부 X-ray나 CT를 통해 폐의 이상을 확인

(7) 돈단독(Swine erysipelas)

돈단독은 주로 돼지에서 발생하는 급성 또는 만성 감염 질병이다. *Erysipelothrix rhusiopathiae*라는 세균에 의해 발생하며, 피부, 관절, 심장 등 다양한 장기에 영향을 미친다. 감염된 돼지는 피부 발진, 호흡 곤란, 발열 등을 보이며, 사망에 이를 수도 있다.

① 병원체

- *Erysipelothrix rhusiopathiae*
  - 그람 양성 세균
  - 토양, 물, 돼지의 배설물 등에서 발견

② 전파 양식

- 접촉 전파: 감염된 돼지와 직접적인 접촉
- 상처를 통한 전파: 돼지의 배설물에 오염된 상처를 통해 감염
- 호흡기를 통한 전파: 오염된 공기나 분비물을 통해 감염

③ 주요 증상

- 급성형: 갑작스러운 고열, 피부 발진(붉고 둥근 형태의 발진), 호흡 곤란, 패혈증 등

- 만성형: 관절염, 심장 질환, 신경 장애 등 다양한 합병증을 동반
- 피부형: 피부 발진과 괴사성 병변
- 주로 돼지에서 발생하지만 사람에게도 전염

④ 예방 및 관리

가. 예방

- 백신 접종
- 철저한 위생 관리와 감염 동물 발생 시 격리 조치

나. 치료

- 항생제(예: 페니실린)로 치료 가능
- 급성기에는 빠른 항생제 치료 필요

⑤ 진단

- 임상 증상: 피부 발진과 고열, 관절염 등의 증상으로 진단
- 배양 검사: *Erysipelothrix rhusiopathiae* 균 배양
- 유전자 증폭 검사(PCR)

(8) 유단독(Erysipeloid)

유단독은 *Erysipelothrix rhusiopathiae*라는 그람 양성 세균에 의해 발생하는 급성 피부 감염병이다. 주로 돼지, 어류, 가금류와 접촉한 사람에게 발생하며, 감염된 동물의 피부, 상처, 배설물 등과 접촉하여 전파된다. 농업 종사자, 수의사, 어부 등 동물과 밀접하게 접촉하는 사람들에게 흔히 발생한다.

① 병원체

- *Erysipelothrix rhusiopathiae*
  - 그람 양성의 혐기성 세균
  - 강한 저항력을 지닌 세균으로, 환경에서 오랜 기간 생존 가능
  - 주로 돼지, 어류 등에서 발견되며, 사람에게도 전염 가능

② 전파 양식

- 감염된 동물의 배설물이나 피부 상처를 통해 전파

③ 주요 증상

- 급성형 : 감염 부위의 발적, 통증 등이 나타나며, 발열과 피로감 동반
- 만성형 : 림프절 비대와 관절염 등이 발생
- 피부형 : 감염 부위의 발적, 상처가 생기며 괴사성 병변이 진행됨

④ 예방 및 관리

가. 예방

- 동물과의 접촉 후 철저한 손 씻기와 상처 관리 등을 통해 감염 예방
- 감염 위험이 높은 환경에서는 장갑, 마스크 등의 보호 장비 착용

나. 치료

- 페니실린, 아목시실린, 독시사이클린 등의 항생제 치료
- 적절한 항생제 치료가 빠를수록 증상의 악화를 감소시킬 수 있음
- 급성 감염에서는 발열과 통증을 완화하고 증상을 관리하기 위해 진통제나 해열제 치료

⑤ 진단

- 피부 발진과 같은 특징적인 임상 증상으로 진단
- *Erysipelothrix rhusiopathiae* 균 배양 검사
- 유전자 증폭 검사(PCR)

(9) 세균성 이질(Shigellosis)

세균성 이질은 *Shigella* 균에 의해 발생하는 감염성 질환으로, 주로 사람에게 영향을 미친다. 그러나 일부 동물, 특히 비인간 영장류(원숭이)와 같은 포유류도 감염될 수 있으며, 감염된 동물은 사람에게 전파될 수 있는 잠재적인 전파자가 될 수 있다. 주로 물이나 음식, 감염된 사람의 분변과의 접촉을 통해 전파되

며, 인체에서 급성 설사, 발열, 복통 등의 증상이 나타난다. 주로 개발도상국에서 발생률이 높으며, 위생 상태가 좋지 않은 지역에서 흔히 발생한다.

① 병원체

- *Shigella* spp.: *Shigella dysenteriae*, *Shigella flexneri*, *Shigella boydii*, *Shigella sonnei*
  - 그람 음성 간균
  - 강한 전염성이 가지며, 저항력이 강해 오염된 환경에서 오랜 시간 생존 가능
  - 장염, 혈변, 발열 및 복통 유발

② 전파 양식

- 오염된 음식물, 물, 배설물을 통해 전파
- 감염된 사람이나 동물과의 직접 접촉이 주요 전파 경로

③ 주요 증상

- 급성 설사, 발열, 복통
- 중증으로 경과 시 혈변 동반
- 비인간 영장류와 같은 동물에서는 설사, 구토, 체중 감소 등의 증상
- 사람에서는 장염이 주요 증상이며, 심각한 경우 패혈증 발생 가능

④ 예방 및 치료

가. 예방

- 감염된 사람이나 동물과의 접촉을 피하고, 물과 음식의 철저한 위생 관리
- 철저한 손 씻기, 배설물 처리 및 환경 위생 유지 관리 필요

나. 치료

- 세팔로스포린, 독시사이클린, 플루오로퀴놀론 계열의 항생제 치료
- 급성 감염일 경우, 빠른 항생제 치료가 중요
- 수액 요법이나 해열제, 진통제 등으로 증상 관리
- 증상이 심한 경우 보존 치료가 추가될 수 있음

⑤ 진단

- 배설물 검사를 통해 진단 가능
- *Shigella* 균 배양 검사
- 유전자 증폭 검사(PCR)

(10) 페스트(Plague, Pest)

페스트는 *Yersinia pestis*라는 세균에 의해 발생하는 치명적인 전염병이다. 흑사병이라는 이름으로 알려져 있으며, 역사적으로 여러 차례의 대유행을 일으켰다. 쥐와 같은 설치류가 주요 숙주이며, 벼룩을 매개로 전파된다. 사람에서는 벼룩에게 물리거나 감염된 동물의 체액에 접촉함으로써 감염되며, 치료를 받지 않으면 사망률이 매우 높다. 현재는 항생제 사용으로 치료가 가능하지만, 빠른 진단과 치료가 이루어지지 않으면 치명적인 결과를 초래할 수 있다.

① 병원체

- *Yersinia pestis*
  - 그람 음성 세균
  - 주로 쥐와 같은 설치류에 감염되어 벼룩을 통해 전파
  - 급성 감염을 일으켜 감염 후 짧은 시간 안에 다양한 형태의 감염증 유발

② 전파 양식

- 벼룩 매개 전파: 벼룩이 감염된 쥐를 흡혈하면서 얻은 *Yersinia pestis*를 사람에게 전파
- 동물 간 전파: 감염된 동물의 배설물, 사체 등을 통해 감염 확산
- 호흡기 전파: 페스트 폐렴이 발생한 경우, 감염된 사람이나 동물의 기침, 재채기 등을 통해 전파
- 직접 접촉: 감염된 동물의 체액이나 사체와의 접촉을 통해 전파

③ 주요 증상

- 페스트 림프절염(Bubonic Plague): 가장 흔한 형태로, 갑작스러운 고열과 사타구니 · 겨드랑이 · 목 등에 림프절 부종이 나타남
- 페스트 폐렴(Pneumonic Plague): 감염이 폐로 퍼져 기침, 호흡 곤란, 흉통, 혈액이 섞인 가래가 발생하며, 이는 매우 치명적이고, 사람 간 전파도 가능
- 패혈성 페스트(Septicemic Plague): 혈액에 감염되어 급성 패혈증, 쇼크, 장기 부전을 유발
- 동물에서는 림프절 부종, 급성 발열, 무기력, 식욕 부진 등이 나타나고, 급격히 쇠약해져 사망에 이를 수 있음

④ 예방 및 치료

가. 예방

- 예방 접종
- 벼룩 관리: 감염된 동물이 있는 지역에서는 필수적으로 벼룩 방제를 하고, 주거지 환경 위생 관리
- 위생 관리: 감염 동물과 접촉하지 않도록 주의하고, 손 씻기, 의료 장비 등의 철저한 소독 관리
- 격리: 감염 동물은 격리 조치를 취하고, 사체는 안전하게 처리

나. 치료

- 항생제 치료: 스트렙토마이신, 테트라사이클린, 독시사이클린, 플루오로퀴놀론 계열의 항생제
- 보조 치료: 패혈증이나 폐렴 등의 합병증을 동반 시 수액 요법과 호흡기 치료 필요
- 예방적 항생제 사용: 감염 위험이 높은 사람들에 대해 예방적 항생제 치료가 권장

⑤ 진단

- 배설물, 림프절 흡입액, 혈액 등의 검체에서 *Yersinia pestis*를 검출
  - *Yersinia pestis* 균 배양 검사
  - 유전자 증폭 검사(PCR)
  - 혈액 검사: 혈청 내 항체 확인
  - 직접 도말 및 현미경 검사: 그람염색 또는 *Yersinia pestis* 균체 확인

(11) 살모넬라증(Salmonellosis)

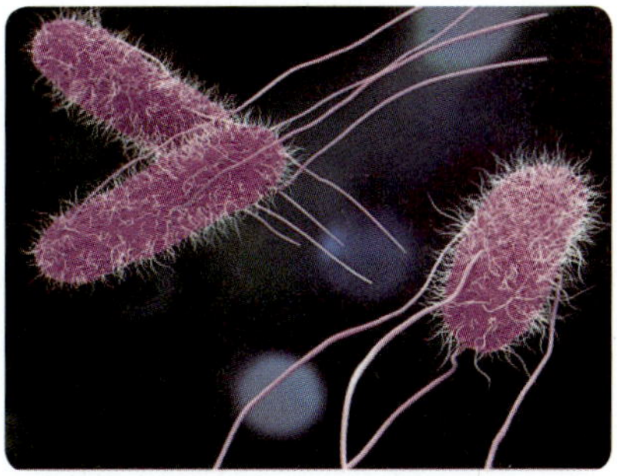

[그림 5-8] Salmonella

출처: https://www.fda.gov/food/foodborne-pathogens/salmonella-salmonellosis

살모넬라증은 *Salmonella*속의 세균에 의해 발생하며, 가축(소, 돼지, 가금류 등)과 야생 동물에서 흔히 발생한다. 이 질병은 전 세계적으로 발생할 수 있으며, 주요한 식중독 원인으로 알려져 있다. 감염 동물의 증상이 나타나지 않을 수도 있으나, 일부 동물에서는 설사, 구토, 발열 등이 심각하게 나타난다. 가금류, 돼지, 소와 같은 농장 동물에서 흔히 발생하는 질병으로, 상업적 규모에서 심각한 경제적 손실을 일으킬 수 있어 발생 전에 예방 및 관리가 중요하다. 특히, 감염 후 무증상 보균 동물은 사람에게 전파 가능하므로 동물의 사체나 배설물을 처리할 때 주의가 필요하다.

① 병원체

- *Salmonella*속(*S. enterica*, *S. bongori*)
  - 그람 음성 간균
  - 통성 혐기성 세균으로 산소가 없는 환경에서도 생존 가능
  - 고온 다습한 환경에서 증식하기 쉬우며, 동물의 배설물, 음식, 물 등에서 주로 관찰
  - 대부분 가금류, 소, 돼지, 어류, 반려동물(특히 고양이와 개) 등에서 발견

② 전파 양식

- 음식물 및 물: 오염된 고기, 달걀, 유제품, 채소 등
- 배설물: 농장 내에서의 위생 불량이나 동물 사체 처리 부주의로 인해 전파
- 직접 접촉: 감염된 동물의 사체나 배설물과의 직접적인 접촉

③ 주요 증상

가. 동물

- 설사: 소, 돼지, 가금류 등에서 설사를 유발하며, 종종 점액이나 혈액을 동반하여 나타남
- 발열: 고열과 함께 식욕 부진, 체중 감소
- 구토: 일부 동물에서는 구토 동반
- 기타 증상: 기력 저하, 호흡 곤란, 경련 등
- 패혈증이나 세균성 관절염과 같은 합병증이 동반되면 증상이 심각해질 수 있음

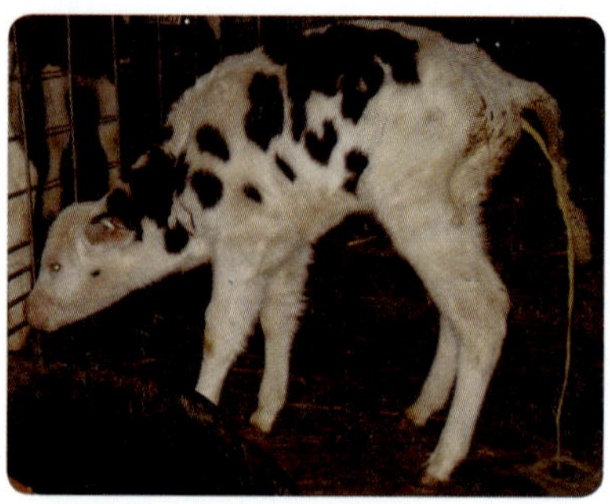

[그림 5-9] Watery diarrhea in a cow

출처: https://www.biocalfelectrolytes.nz/rearing-tips/salmonella

나. 사람

- 복통, 설사, 구토
- 발열 및 피로감
- 탈수증(특히 어린이나 고령자에서 심각)

④ 예방 및 관리

가. 예방

- 위생 관리: 농장에서는 동물의 사료 · 음수 · 동물의 배설물 관리와 작업자의 손 씻기 · 소독 · 도축 전후 철저한 위생 관리가 필수
- 백신 접종: 개 · 고양이 · 말에서는 상용화된 백신이 있지 않으나, 가금류와 소는 예방 접종이 유용
- 격리 및 모니터링: 감염된 동물은 즉시 격리하고, 감염 확산을 방지하기 위한 모니터링이 필요
- 환경 관리: 농장 내 청결 유지와 해충 관리도 중요한 예방 조치

나. 치료

- 항생제: 시프로플록사신, 세프트리악손 등
- 수액 요법: 탈수가 심각한 경우, 수액 요법으로 수분과 전해질 보충
- 보조 치료: 호흡기 부전, 신장 손상 등 합병증이 나타난 경우, 보조 치료가 필요

⑤ 진단

- 대변 배양: 대변에서 *Salmonella* 균 배양 검사
- 혈액 배양: 패혈증이 의심될 경우, 혈액에서 *Salmonella* 균을 배양하여 확인
- 유전자 증폭 검사(PCR)

(12) 리스테리아증(Listeriosis)

리스테리아증은 *Listeria monocytogenes*라는 그람 양성균에 의해 발생하는 감염병이다. 주로 농업 동물에서 발생하며, 특히 소 · 양 · 염소 등의 반추동물에서 발생 보고가 많은 편이다. 그 외, 돼지, 가금류, 개 · 고양이에서도 발생 빈도는 낮으나 감염이 발생하기도 한다. 리스테리아균은 동물의 배설물, 분비물, 사체 등을 통해 환경에 퍼지며, 그로 인해 다른 동물이나 사람에게 전파될 수 있다. 감

염 동물은 고온에서 식중독을 일으키며, 임신한 동물에게서는 유산이나 조산을 초래할 수 있다.

① 병원체

- *Listeria monocytogenes*
  - 그람 양성 간균
  - 저온에서도 생존할 수 있어 냉장 보관된 식품에서 증식 가능
  - 동물에서 오염된 사료를 매개로 하여 감염되어 소화관을 통해 배설
  - 오염된 배설물을 통해 다른 동물이나 환경으로 전파
  - 가열 및 소독제로 쉽게 파괴됨

② 전파 양식

- 동물에서 오염된 사료나 물을 매개로 하여 감염
- 감염 동물의 배설물을 통해 다른 동물이나 환경으로 전파
- 가공식품이나 유제품 및 냉장 조리 식품 등을 통해 전파
- 임신 중인 동물에서는 태반을 통과하여 수직 감염을 유발
- 감염 동물과의 직접 접촉

③ 주요 증상

가. 동물

- 양 · 소 · 염소 등의 반추동물
- 신경계 증상(두경부 마비, 선회 운동, 기립 불능 등)
- 임신 후기 유산
- 기력 저하와 식욕 부진 동반
- 어린 동물에서는 급성 폐사 유발 가능
- 그 외, 돼지 · 가금류 · 개 · 고양이 등의 동물
- 발생 빈도는 낮지만 감염 시 기력 저하, 식욕 부진, 설사, 호흡기 증상, 유산 등의 증상 발현

나. 사람

- 발열, 오한, 근육통, 두통 등 비특이적 증상
- 임산부에서는 유산, 면역력이 약한 사람에서는 뇌수막염, 패혈증 등의 합병증

④ 예방 및 치료

가. 예방

- 농장 내 음수와 사료 및 동물 배설물 처리 등 환경 관리
- 일부 동물에는 리스테리아 백신 접종
- 감염 동물은 확산 방지를 위해 격리 조치

나. 치료

- 페니실린, 암피실린과 같은 항생제 치료
- 치료 시기가 늦어질 경우 치료 기간이 길어질 수 있음
- 감염 동물이 탈수나 체온 저하를 겪을 경우, 수액 요법으로 체액 균형 유지
- 신경계 증상이나 호흡기 문제가 있을 경우, 진통제 · 항염증제 등으로 증상 완화 가능

⑤ 진단

- *Listeria monocytogenes* 균 배양 검사
- 유전자 증폭 검사(PCR)
- 조직병리학적 검사

(13) 라임병(Lyme diseases)

라임병은 1975년 미국의 Lyme 지방에서 청소년 관절염 사례 조사 중 발견되어 그 이름이 명명되었다. *Borrelia burgdorferi*라는 가늘고 긴 나선 모양의 스피로헤타(spirochete) 균에 의해 유발되는 질병으로, 주로 진드기(북미: *Ixodes scapularis*, 유럽: *Ixodes ricinus*, 국내 포함 아시아: *Ixodes persulcatus* · *Haemaphysalis longicor-*

nis)에 의해 전염된다. 사람, 개, 말, 사슴 등 다양한 동물이 감염될 수 있으며, 진드기의 흡혈을 통해 전파된다. 감염된 숙주에서는 피부에 황소 눈과 비슷한 형태의 'bull's-eye'로 불리는 발진이 특징적으로 나타나기도 하는데, 이를 이동홍반(erythemal migrans)이라 한다. 라임병은 심각한 합병증을 유발할 수 있으므로 예방과 조기 진단이 중요하다.

① 병원체

- *Borrelia burgdorferi*
  - 스파이로헤타형 그람 음성 세균
  - 진드기 내에서 발육하며, 감염된 진드기가 숙주 동물 또는 사람을 흡혈하면서 전파

② 전파 양식

- 감염된 참진드기(*Ixodes*속)가 숙주를 흡혈하면서 감염
- 진드기가 충분히 박테리아를 전달하려면 일반적으로 수십 시간이 소요
- 사람 간 직접 전파(호흡기, 피부 접촉 등)에 의한 전파율은 낮은 편

③ 주요 증상

가. 동물

- 개: 발열, 식욕 부진, 관절염, 신경학적 증상(마비 등), 이동홍반 발생 가능
- 말: 발열, 기력 저하, 관절염, 운동 불능
- 소: 발열, 기력 저하, 림프절 비대
- 사슴: 유사한 증상이 나타나며, 장기적으로 신경계나 관절 문제 유발

나. 사람

- 초기: 불현성이거나 발열, 두통, 피로, 근육통, 이동홍반이 나타날 수 있음
- 만성: 관절염, 신경학적 문제

④ 예방 및 치료

가. 예방

- 진드기가 많은 지역의 활동을 자제하고 진드기 기피제 살포로 접촉 차단
- 진드기에게 물렸을 경우에는 즉시 제거하여 감염 위험을 최소화
- 미국 등 일부 국가에서는 라임병 백신 접종

나. 치료

- 독시사이클린, 아목시실린, 세팔로스포린 계열의 항생제 치료
- 감염 초기 치료 시 대부분의 경우 완치 가능
- 치료 시기가 늦어지면 만성으로 경과하여 관절염 및 신경계 문제 발생

⑤ 진단

- 진드기에 물린 후 나타나는 이동홍반 등의 신체적 징후 확인
- 혈청학적 검사를 통한 항체 확인
- 유전자 증폭 검사(PCR)

(14) 보툴리누스증(Botulism)

보툴리즘은 *Clostridium botulinum*이라는 혐기성 세균이 생성하는 독소에 의해 발생하는 중독성 질환이다. 이 질병은 동물에게도 영향을 미치며, 특히 가축 및 야생 동물에서 발생할 수 있다. 보툴리즘은 동물의 신경계를 공격하여 근육 마비를 일으키며, 심한 경우 호흡 부전으로 이어져 사망할 수 있다. 보툴리즘은 주로 독소에 의해 유발되며, 식품이나 환경에 오염된 물질을 통해 전파된다.

① 병원체

- *Clostridium botulinum*
  - 그람 양성 간균
  - 내열성 아포를 형성
  - 동물의 소화관, 토양, 물 등 자연계에 널리 분포

- 7가지 다양한 형태(A~G)로 존재: 사람은 A · B · E형에, 동물은 C · D형에 감수성이 높음
- 보툴리누스 독소는 신경 세포에 결합하여 신경전달을 차단하여 근육 마비를 유발

② 전파 양식

- 오염된 사료나 물, 부패한 동물 사체와의 접촉을 통해 전파
- 오염된 식품(통조림, 가공육 등) 내 산생된 독소에 의한 경구감염
- 영유아의 경우 장내에서 아포가 발아하여 독소를 생성(1세 미만 영아는 꿀 섭취 주의)
- 주변 환경에 존재하는 아포에 상처 부위 노출 시 감염

③ 주요 증상

가. 동물

- 식욕 저하, 유연, 파행, 인후두 마비, 호흡 곤란, 운동 실조, 기립 불능 발생
- 중증인 경우 수 시간에서 수일 내에 폐사

나. 사람

- 발열도 없고 의식도 명료하지만, 근육 마비로 인한 증상 발현
- 구토, 복통, 설사, 유연, 신경증상(마비), 호흡 및 연하 곤란
- 시력 저하, 복시, 동공 확대
- 영아 보툴리누스증(Infant botulism): 벌꿀은 영아에서 변비와 소화력 저하를 유발하고, 이후 두경부에서 전신으로 마비 현상이 진행되면서 악화될 경우 사망에 이를 수 있음

④ 예방 및 관리

가. 예방

- 사료와 음수 및 축사 내 환경 위생 관리
- 위생적으로 식품을 보관하고, 충분한 가열 후 섭취(80℃에서 독소 파괴)

나. 치료

- 항독소(Botulinum antitoxin) 및 톡소이드(toxoid) 투여
- 중증인 경우 호흡 보조, 영양/수액 요법, 항생제 등의 보조 치료 필요

⑤ 진단

- 분변이나 구토물의 *C. botulinum* 균 배양 검사 및 독소 검출(ELISA 또는 PCR)
- 임상 증상과 병력(꿀 섭취 여부) 확인

(15) 파스튜렐라증(Pasteurellosis)

파스튜렐라증은 *Pasteurella*속 세균에 의해 발생하는 급성 호흡기 질환 및 감염증으로, 주로 가축과 야생 동물의 상부기도에 존재하면서 기회감염을 유발한다. 사람에서는 주로 반려동물의 교상에 의해 전염될 수 있으며, 대부분 무증상으로 경과하지만 면역력에 따라 높은 병원성을 보이는 질환이다.

① 병원체

- *Pasteurella multocida*
  - 그람 음성 간균
  - 협막(A, B, D, E, F 형) 및 균체 항원(L1~L16)에 의해 혈청형 분류
  - 주로 동물의 상부 호흡기에서 발견

② 전파 양식

- 주로 동물 간의 직접적인 접촉을 통해 전파
- 감염 동물의 침 · 분비물 · 상처를 통한 감염이 주요 전파 경로
- 대부분 무증상으로 경과하지만 면역력 저하 시 감염이 증폭되어 급성 질환 유발
- 사람에서는 감염 동물에게 물리거나 상처 부위의 접촉에 의해 감염 발생

③ 주요 증상

가. 동물

- 소: 기침, 호흡 곤란, 폐렴, 발열 등의 호흡기 증상과 피부 상처를 통한 감염 시 농양 발생
- 돼지: 발열, 기침, 구토, 설사 및 호흡 곤란, 악화 시 폐렴 발생 가능
- 가금류: 폐렴, 호흡 곤란, 설사 등이 주 증상이며, 일부의 경우 세균이 혈류로 퍼져 장기 손상 유발
- 개와 고양이: 물리거나 상처 부위에 감염 및 농양이 나타날 수 있으며, 고열과 기침 등 동반 가능

나. 사람

- 주로 상처 감염에 의해 발적, 종창, 통증 유발
- 호흡기 증상이 악화되어 폐렴과 전신 증상이 나타날 수 있음

④ 예방 및 치료

가. 예방

- 감염 동물의 분비물 및 상처에 직접 접촉 차단
- 동물 생활 환경의 철저한 위생 관리
- 감염 동물은 격리 조치

나. 치료

- 페니실린, 테트라사이클린 등의 항생제 치료
- 호흡기 감염이나 폐렴이 동반될 경우, 수액 요법, 산소 치료 및 진통제를 사용하여 증상 완화

⑤ 진단

- 임상 증상과 병력으로 확인
- *Pasteurella* 균 배양 검사 및 유전자 증폭 검사(PCR)로 확진
- 혈액 검사에서 백혈구 수 증가와 전신 염증 반응 관찰

(16) 야토병(Tularemia)

야토병은 *Francisella tularensis*라는 세균에 의해 발생하는 급성 감염병이다. 이 질병은 주로 야생의 설치류, 토끼 등에서 발견되며, 사람에게도 전염되어 생명을 위협할 수 있는 급성 열성 질환으로 발전할 수 있다. 그러므로 사냥꾼, 농업 종사자, 수의사 등과 같이 야생 동물을 다루는 사람들의 주의가 필요하다.

① 병원체

- *Francisella tularensis*
  - 그람 음성 소간균
  - 혐기성 환경에서 잘 증식하며, 병원성이 매우 강하여 극히 적은 수의 세균으로도 감염 가능

② 전파 양식

- 감염된 동물체 체액, 배설물 또는 사체와의 접촉에 의한 직접 전파
- 오염된 환경의 음수 섭취에 의한 야생 동물의 감염
- 흡혈 곤충(진드기, 벼룩 등)을 매개로 한 경피 감염

③ 주요 증상

가. 동물

- 토끼 등의 야생 동물에서 급성 감염이 흔히 발생
- 발열, 식욕 부진, 기력 저하, 폐렴 등
- 중증으로 경과 시 림프절 비대와 고열이 동반되며, 패혈증과 같은 전신적인 합병증 유발
- 가축에서는 기침, 호흡 곤란, 장기적인 기력 저하가 나타나며, 지속되면 사망에 이를 수 있음

나. 사람

- 급성 발열, 두통, 근육통, 피로감 등
- 피부, 눈, 폐 등 감염 부위에 따라 다양한 형태의 염증이나 궤양 발생

④ 예방 및 관리

가. 예방

- 야생 동물의 접촉을 최소화하고 전염 경로를 차단하는 관리가 중요
- 철저한 위생 관리와 보호 장비 착용
- 일부 국가에서는 고위험군을 대상으로 야토병 백신을 접종

나. 치료

- 스트렙토마이신, 클로람페니콜, 테트라사이클린 등의 항생제 치료
- 조기 진단과 치료 시기가 빠를수록 예후에 도움이 됨
- 중증의 경우 탈수나 장기 부전이 발생할 수 있어 수액 요법 등 지지적 치료가 필요

⑤ 진단

- 병변 부위, 혈액, 객담 등에서 *Francisella tularensis* 균 배양 검사
- 유전자 증폭 검사(PCR)
- 혈청학적으로 항체 확인

(17) 서교열(Rat-bite fever)

서교열은 주로 *Streptobacillus moniliformis* 또는 *Spirillum minus*라는 두 가지 병원체에 의해 발생하며, 감염 동물의 침, 배설물, 사체에 의해 감염을 일으킬 수 있다. 두 병원체에 의해 나타나는 증상이 서로 유사하여 임상적인 구별은 쉽지 않다. 설치류에게 물린 후 초기에는 비특이적인 증상이 나타나다가 점차 발열, 발진, 관절 통증 등이 발생할 수 있다.

① 병원체

- *Streptobacillus moniliformis*
  - 그람 음성 간균
  - 일반적으로 설치류의 구강 내에 존재

- 북미 · 유럽에서 주로 발견
- 설치류 간 전염뿐만 아니라, 사람과의 접촉을 통해 전파 가능

• *Spirillum minus*

- 아시아 지역에서 주로 발견되며, *Streptobacillus*와 유사한 증상 유발

② 전파 양식

• 주로 직접 접촉을 통해 전파되므로 쥐가 많이 서식하는 지역에서 높은 발생률을 보임
• 감염 쥐의 침이나 배설물이 물린 상처나 열상 부위에 접촉하여 전파

③ 주요 증상

가. 동물

• 불현성 감염으로 비강이나 인후두 부위에 보균
• 경우에 따라 균을 배출하는 화농소를 가지기도 함

나. 사람

• 쥐에게 물린 후 3일에서 2주 이내에 증상 발현
• 급격한 고열이 간헐적으로 발생
• 발열, 오한, 두통, 근육통, 구토
• 얼굴, 팔꿈치, 무릎 등의 발진(petechial rashes)
• 증상이 방치되면 뇌염, 심내막염, 폐렴, 관절염 등 유발

④ 예방 및 관리

가. 예방

• 쥐와의 접촉을 피하고, 쥐가 서식할 수 있는 환경을 청결하게 유지 관리
• 동물과 접촉이 많은 사람은 보호 장비를 착용하고, 상처는 즉시 세척하고 소독

나. 치료

• 페니실린 또는 독시사이클린 등의 항생제 치료

- 증상이 심할 경우 해열제, 진통제, 수액 요법 등
- 조기 치료로 완치가 가능하므로 빠른 치료가 중요

⑤ 진단

- 임상 증상과 병력으로 확인
- 혈액, 병변, 림프절에서 세균 배양 검사
- 유전자 증폭 검사(PCR)
- 혈청응집반응, ELISA 등의 혈액학적 검사

(18) 파상풍(Tetanus)

파상풍은 *Clostridium tetani*라는 혐기성 세균에 의해 발생하는 질병으로, 세균의 독소인 테타노스파스민이 신경계에 영향을 미쳐 근육 경련과 마비를 일으킨다. 상처를 통해 세균이 체내로 침입하여 발생하며, 동물 및 사람에게 심각한 신경학적 증상을 초래할 수 있다. 특히 감염이 치료되지 않으면 호흡 곤란, 심장마비, 심각한 근육 경련 등의 증상이 나타날 수 있다.

① 병원체

- *Clostridium tetani*
  - 그람 양성 간균
  - 흙이나 배설물, 오염된 환경에서 흔히 발견
  - 혐기성 환경에서 잘 증식하며, 그 과정에서 독소를 생성
  - 신경친화성 독소인 테타노스파스민(tetanospasmin)은 신경과 근육의 신호 전달을 방해하여 근육 경련을 유발

② 전파 양식

- 주로 상처를 통해 감염
- 세균이 상처나 찰과상 부위로 침입하여 혐기성 환경에서 증식하고 독소를 방출

- 동물의 배설물이나 흙에서 유래한 세균이 상처를 통해 침입
- 인간과 동물 간에 직접적인 전염은 일어나지 않으며, 주로 오염된 환경에서 감염 발생

③ 주요 증상

가. 동물

- 주로 말, 소, 양, 개 등에서 발병
- 경련성 마비와 호흡 곤란, 전신 강직 등이 발생
- 중증으로 경과 시 경우 사망에 이를 수 있음

나. 사람

- 얼굴과 목 근육에서 경련성 근육 경직이 시작되어 전신으로 확산
- 경련이 심할 경우 호흡 곤란을 유발하며, 심각한 경우 호흡 정지나 심장마비 발생
- 근육 경련은 극심한 통증을 수반하고, 이에 따라 심리적 스트레스를 동반
- 적기에 치료되지 않을 경우 치사율이 높은 응급성 질환

④ 예방 및 치료

가. 예방

- Toxoid 예방 백신 접종
- 창상 부위의 개방 치료와 소독 및 페니실린 예방적 투여
- 농장 환경을 청결히 유지하고, 보호 장비를 착용하여 동물과 접촉 시 감염을 예방

나. 치료

- 면역글로불린 투여로 독소의 영향을 중화
- 항생제(페니실린, 메트로니다졸)의 예방적 투여로 감염 억제
- 근육 이완제와 진정제로 경련 현상 완화
- 중증의 경우 호흡기 지원 및 수액 요법을 통해 체액 균형 조절

⑤ 진단

- 경직성 경련과 전신 근육 경련 등의 임상 증상으로 확인
- 상처 부위의 감염 여부와 병력도 고려
- *Clostridium tetani* 균 배양 검사
- 유전자 증폭 검사(PCR)
- 항체 확인 검사

(19) 여시니아증(Yersiniosis)

*Yersinia pseudotuberculosis*와 *Yersinia enterocolitica*는 위장관 질환을 일으키는 그람 음성 세균으로, 동물과 사람에서 감염을 일으킬 수 있다. *Y. pseudotuberculosis*는 가성결핵(pseudotuberculosis)으로도 알려져 있으며, 주로 야생 동물과 가축에서 발생한다. *Y. enterocolitica*는 주로 돼지와 소에서 발견되며, 사람에게 위장염을 일으킬 수 있다.

① 병원체

- *Yersinia pseudotuberculosis*(가성결핵)
  - 그람 음성 간균
  - 혐기성 환경 및 저온에서 증식 가능
  - 야생 동물, 설치류, 조류에서 발견
  - 감염 동물의 배설물이나 동물 접촉으로 인해 감염 유발
- *Yersinia enterocolitica*(여시니아 엔테로콜리카 감염증)
  - 그람 음성 간균
  - 혐기성 환경 및 저온에서 증식하여 냉장 식품에 문제를 유발
  - 감염 육류, 냉장육, 유제품 등을 매개로 전파

② 전파 양식

- *Y. pseudotuberculosis*
  - 감염 동물의 배설물이나 사체를 통해 전파되며, 공기를 통한 전파는 드

물게 발생

- *Y. enterocolitica*
  - 주로 불완전하게 조리된 육류나 오염된 물을 통해 전파

③ 주요 증상

- *Yersinia pseudotuberculosis*
  - 설사, 복통, 발열 등의 위장관 증상
  - 림프절 비대와 복부 팽창
  - 림프절 염증, 종종 장기에 회색의 결절(nodule) 형성(가성결핵)
  - 관절염, 간질환, 피부 발진 등의 합병증이 발생
- *Yersinia enterocolitica*
  - 동물에서는 대부분 불현성 감염
  - 증상이 경과 시 설사 · 복통 · 발열 · 구토 등의 위장관 증상
  - 사람에서는 관절염이나 염증성 반응을 동반할 수 있으며, 특히 소아에서 더 자주 관찰

④ 예방 및 치료

가. 예방

- *Y. pseudotuberculosis*
  - 환경 위생 관리와 음수 · 사료 관리
  - 감염 동물과의 접촉을 피하고, 동물 배설물이나 사체의 적절한 처리
- *Y. enterocolitica*
  - 오염된 음식물이나 물을 피하고 육류는 충분히 조리하여 섭취
  - 위생적인 환경을 유지하고 동물의 배설물 처리에 주의

나. 치료

- *Y. pseudotuberculosis*
  - 테트라사이클린, 스트렙토마이신 또는 세팔로스포린 계열의 항생제 치료
  - 증상이 악화되면 보조 요법 병행 실시

- *Y. enterocolitica*
  - 셀팩신, 아목시실린, 또는 세팔로스포린 계열의 항생제 치료
  - 위장관 증상이 심할 경우 보조 요법 병행 필요

⑤ 진단

- *Yersinia* 균 배양 검사
  - 유전자 증폭 검사(PCR)
  - 혈청학적 검사로 항체 확인

(20) 화농성구균 감염증(Pyogenic coccal infection)

화농성구균 감염증은 화농성(고름을 동반한) 감염을 일으키는 다양한 종류의 구균에 의한 질병을 말한다. 이들 균은 피부 및 점막에 감염을 일으키며, 감염 부위에는 염증, 발적, 열, 고름 배출 등을 특징으로 한다. 일부 균은 독소를 생성하여 독성 쇼크 증후군이나 괴사성 근막염을 유발할 수 있다.

① 병원체와 주요 임상 증상

- *Streptococcus* spp.: 그람 양성균으로, 아포를 형성하지 않는 비운동성 균이며, 다양한 동물에서 증상 유발
  - *St. pyogenes*(소): 급성 패혈증, 폐렴, 발열, 식욕 부진 등의 증상이 관찰
  - *St. agalactiae*(소, 양, 염소, 낙타, 코끼리, 개, 고양이, 말, 원숭이): 유방염이 주요 증상으로 젖을 생산하는 동물에서 흔히 발생하며, 일부 종에서는 패혈증, 뇌수막염, 신경계 질환 등이 발생
  - *St. equisimilis*(소, 염소, 양, 말, 돼지): 패혈증, 관절염, 폐렴 및 부종을 일으키고, 특히 말에서는 패혈증과 함께 근육염을 동반
  - *St. faecalis*(소): 소에서 위장관 문제를 일으키며, 감염된 상처나 낙농기기로 인해 유방염이 발생하기도 함
  - *St. pneumoniae*(영장류): 폐렴, 뇌수막염, 중이염과 같은 호흡기 및 신경계

질환 유발

- *St. suis*(돼지, 소, 말, 조류): 돼지에서 패혈증, 관절염, 폐렴, 뇌수막염 등을 유발하며, 일부 다른 동물에 감염 시 폐렴과 같은 호흡기 문제를 일으킬 수 있음

② 전파 양식

- 감염된 동물이나 사람과의 직접 접촉에 의해 전파
- 공기 전파에 의한 호흡기 감염
- 오염된 상처나 물품을 통한 감염

③ 예방 및 치료

가. 예방

- 감염된 동물과의 접촉을 피하고, 감염 부위는 철저히 소독
- 일부 감염증에는 백신이 존재

나. 치료

- 페니실린, 클린다마이신 등의 항생제 치료

④ 진단

- Streptococcus 균 배양 검사
- 유전자 증폭 검사(PCR)
- 혈액 검사: 백혈구 수치나 CRP 수치 등을 측정하여 세균 감염을 확인

2) 바이러스성 인수공통감염병

(1) 광견병(Rabies)

광견병은 모든 온혈동물에서 발생할 수 있는 치명적인 바이러스성 질환으로, 주로 감염된 동물의 물림이나 할큄 등으로 전파된다. 바이러스는 신경조직에 결합해 뇌와 척수로 이동한 뒤 심각한 신경학적 증상(불안, 혼란, 환각, 공포 등)

을 유발한다. 잠복기는 교상의 정도와 물린 부위에 따라 15일에서 5개월(평균 1~3개월 정도)이며 1년 이상인 예도 있다. 임상 증상은 흥분형(광폭형)과 마비형 증상으로 구분되지만, 대개 두 형이 모두 나타나고 증상이 나타나면 대부분 사망하므로 감염이 의심된다면 즉시 광견병 예방 백신을 접종한다.

① 병원체

- 광견병 바이러스(Rabies Virus)

②-전파 양식

- 개, 고양이, 너구리, 스컹크 등 야생 동물에 의해 전파 가능
- 감염된 동물에게 물리거나 타액을 통해 전파
- 타액이 상처나 점막에 직접 접촉함으로 전파

③ 주요 증상

가. 동물

- 개: 동공 확대, 비정기적인 발정 증상, 귀와 꼬리의 뻣뻣함 등
  - 흥분형: 과민 반응, 공격성, 발작, 극도의 흥분 상태, 과도한 침 흘림, 결막 충혈 등
  - 마비형: 점진적인 근육 마비(특히 얼굴, 목 근육)로 근육 경련, 연하 곤란으로 인한 과도한 침 흘림을 보이다가 호흡근 마비로 인해 사망
- 소: 흥분, 공격성, 이를 갈고 침을 많이 흘리며, 감염 후기에는 뒷다리 마비를 보임
- 고양이: 개와 비슷하며 감수성이 매우 높고, 발병 후 2~4일 만에 폐사하는 경우가 많음

나. 사람

- 발열, 두통, 피로감, 물린 부위에 통증과 자극
- 불안, 혼란, 환각, 경련 등의 신경 증상이 나타나며, 드물게 흥분 상태(빛에 대한 과민 반응, 동공 확대)

- 연하근 마비로 물이나 침을 삼키지 못함(침 흘림)
- 물을 보거나 삼킬 때 극심한 통증 및 경련(공수병 증상)
- 호흡근 마비, 전신 근육 마비로 진행, 혼수상태에 빠지며 호흡 곤란, 심박수 저하로 사망

④ 예방 및 관리

- 동물과 사람 모두 정기적인 예방 백신 접종
- 노출 후 예방 요법(감염된 동물에게 물렸을 경우, 즉시 소독 후 바이러스가 중추신경계에 도달하기 전 면역을 형성시킬 목적으로 면역 혈청과 함께 광견병 예방 백신을 접종)
- 치료 중 보호 장비 착용
- 야생 동물과의 접촉을 최소화

(2) 중증열성혈소판감소증후군(severe fever with thrombocytopenia syndrome, SFTS)

바이러스성 출혈열로, 진드기에 의해 감염되는 인수공통감염병이다. 고열, 혈소판 감소가 특징이며, 심한 경우 사망에 이를 수도 있다. 4월부터 11월까지 발생하는데, 주로 가을철에 많이 발생한다.

① 병원체

- 중증열성혈소판감소증후군 바이러스(SFTS virus)

② 전파 양식

- 작은 소피참진드기에게 물려 감염
- 감염된 환자의 혈액이나 체액과의 직접적인 접촉을 통해 사람 간 전파
- 감염 동물에서 사람으로의 직접적인 전파 가능(Atsushi Yamanaka, 2020)

③ 주요 증상

가. 동물

- 정확한 임상 양상 불분명

나. 사람

- 고열(38~40℃), 오심, 구토, 설사, 백혈구 및 혈소판 감소로 인한 출혈성 소인(혈뇨, 혈변 등)
- 피로감, 근육통, 신경학적 증상(말 어눌해짐, 경련, 의식 저하 등)
- 다발성 장기 부전으로 진행될 수 있으며, 치명률은 약 12~47 %

④ 예방 및 관리

- 특효약이나 백신은 없으며, 증상에 따른 대증치료가 필요
- 진드기 물림을 예방하는 것이 중요
- 야외 활동 시 긴 옷 착용, 진드기 기피제 사용

(3) 한타 바이러스 감염증(Hantavirus Infection)

한타 바이러스속(Hantavirus)에 의해 발생하는 인수공통감염병으로, 바이러스는 설치류의 타액, 소변, 배설물에 지속적으로 존재하며, 전파원이 된다. 감염된 바이러스 유형에 따라 신증후군출혈열, 한타 바이러스 폐증후군 두 가지 주요 질환을 일으킨다.

① 병원체

- 한타 바이러스속(Hantavirus)에 속하는 여러 종의 바이러스(30종 이상의 바이러스 종이 존재하며, 지역별로 감염증의 형태가 다름)
  - 한탄 바이러스(Hantaan virus), 서울 바이러스(Seoul virus) → 아시아, 유럽에서 주로 발생
  - 시놀롬 바이러스(Sin Nombre virus) → 미국에서 주로 발생

② 전파 양식

- 주요 매개 동물은 설치류(들쥐, 집쥐 등)
- 감염된 동물의 타액, 배설물과 직접 접촉
- 배출된 배설물이 건조되어 에어로졸 상태로 호흡기를 통해 감염(에어로졸

전파)

- 오염된 물이나 음식물 섭취 또는 오염된 물질과의 접촉
- 감염된 동물(설치류)에게 물리거나 긁힐 때 감염 가능
- 사람 간 전파는 현재까지 없음

③ 주요 증상

가. 동물

- 설치류: 무증상 감염(바이러스의 자연 숙주)

나. 사람

ㄱ. 신증후군출혈열(Hantavirus hemorrhagic fever with renal syndrome, HFRS)

- 주로 아시아 및 유럽에서 발생(한탄 바이러스, 서울 바이러스 감염)
- 고열, 오한, 근육통, 두통, 출혈 증상(결막 출혈, 피부 출혈반 등)
- 급성 신부전(콩팥 손상) → 소변량 감소, 체액 축적으로 인해 부종, 고혈압, 심부전 등 증상
- 저혈압성 쇼크로 진행될 수 있음

ㄴ. 한타 바이러스 폐증후군(Hantavirus Pulmonary Syndrome, HPS)

- 주로 북미, 남미에서 발생 (시놀롬 바이러스 감염)
- 발열, 근육통, 피로, 오한, 급성 호흡 곤란 → 폐부종 및 저산소증(사망률 30~50 %)

④ 예방 및 관리

- 특정 고위험군(군인, 농부 등)은 예방 백신 접종(HFRS 예방 가능)
- 한타 바이러스 폐증후군(HPS)에 대한 백신은 없음
- 특별한 치료제 없음 → 증상 완화를 위한 대증요법 시행
- 설치류와의 접촉을 피하고, 유행 시기(주로 가을철)에 야외 활동을 피할 것 (특히 10~12월)
- 설치류와 관련된 환경 관리 및 개인위생

(4) 원숭이두창(Mpox, Monkeypox)

주로 발열, 발진, 림프절 부종 등의 증상을 유발하며, 천연두와 유사한 특징을 보인다. 전파가 비교적 느리며 치명률이 낮지만, 2022년 이후 사람 간 밀접 접촉을 통해 전 세계적으로 확산되었다. 예방 조치와 조기 진단이 중요하다. 바이러스의 두 가지 주요 계통 중 콩고 분지 계통은 사망률이 약 10%, 서아프리카 계통은 약 1~3%로 보고되며, 최근 전파 사례에서는 상대적으로 낮은 치명률을 보인다.

① 병원체

- 원숭이두창 바이러스(Monkeypox virus)

② 전파 양식

- 주요 매개체는 설치류(다람쥐, 쥐 등)와 영장류(원숭이 등)
- 감염된 동물의 타액, 혈액, 체액, 피부 병변 등 직접 접촉
- 감염자의 호흡기 분비물이나 피부 병변 등 밀접 접촉
- 바이러스로 오염된 물건(침구, 옷 등)이나 환경을 통한 간접 접촉

③ 주요 증상

가. 동물

- 원숭이 및 설치류: 발열, 무기력, 피부 병변 등

나. 사람

- 대부분 경미한 증상, 면역 저하자, 어린이, 임산부 등은 중증 진행 가능
- 발열, 두통, 근육통, 피로감, 국소 림프절 종대(림프절이 붓는 증상)
- 피부 발진은 얼굴에서 몸 전체로 퍼짐
- 감염 부위에서 홍반(반점) → 구진 → 수포 → 농포 → 궤양 → 가피로 진행

④ 예방 및 관리

- 백신 접종은 고위험군(의료진, 검사자, 감염자 접촉자)에서 효과적 예방책

- 특별한 치료제 없음 → 증상 완화를 위한 대증요법 시행
- 항바이러스제가 치료에 사용될 수 있음
- 감염 동물 및 감염자와의 접촉을 피함
- 개인위생 관리와 바이러스 전파 차단을 위한 환경 소독

(5) 뉴캐슬병(Newcastle disease)

뉴캐슬병은 닭, 꿩, 메추리 등 조류에 발생하는 급성 전염병으로, 호흡기, 소화기, 신경 증상을 나타낸다. 예방 접종이 되지 않은 닭에 감염될 경우 전염성이 빠르고 폐사율도 높은 특징을 가진다.

① 병원체

- 뉴캐슬병 바이러스(Newcastle disease virus)

② 전파 양식

- 감염된 조류와의 직접 접촉이나 오염된 환경을 통해 전파

③ 주요 증상

가. 동물

- 가금류: 호흡기 증상(재채기, 콧물), 소화기 증상(녹색 설사, 식욕 부진), 사경(목이 비틀려 돌아감), 다리와 날개의 마비, 경련, 산란율 감소 또는 산란 중지, 알껍데기의 변형 등

나. 사람

- 경미한 결막염

④ 예방 및 관리

- 감염된 조류와의 접촉 자제

(6) 일본뇌염(Japanese Encephalitis)

- 모기 매개 바이러스 감염증으로, 일본뇌염 바이러스는 신경계를 침범하며 심각한 경우 뇌염으로 발전하여 사망에 이를 수 있다.

① 병원체

- 일본뇌염 바이러스(Japanese Encephalitis virus)

② 전파 양식

- 주요 매개체는 빨간집모기(*Culex*속 모기)
  - 감염된 동물(특히 돼지)을 흡혈한 모기가 사람이나 다른 동물을 흡혈하여 바이러스 전파

③ 주요 증상

가. 동물

- 돼지가 보유 숙주 및 증폭 숙주(amplifier host)
- 돼지: 무증상 또는 경미한 증상이지만, 임신한 암퇘지가 감염 시 유산·사산, 태아 기형이 발생하며, 수퇘지에서는 고환염 및 생식기 부종

나. 사람

- 일본뇌염 바이러스의 종말 숙주(dead-end host)
- 대부분(약 99 %): 무증상 또는 경미한 감염(발열, 두통, 오심, 구토 등)
- 일부 환자(1 % 미만): 중증의 뇌염(치사율은 20~30 %), 생존자의 약 30~50 %에서 신경학적 합병증 및 후유증(지능 저하, 운동 장애, 행동 변화와 같은 정신적 장애)

④ 예방 및 관리

- 백신 접종이 가장 효과적인 예방 방법
- 특별한 치료제 없음 → 증상 완화를 위한 대증요법 시행
- 모기 방제(모기장, 방충제 사용 및 모기 서식지 제거 등)

- 돼지 사육 지역을 사람이 거주하는 지역과 분리함으로써 감염의 위험성 낮춤

(7) 뎅기열(Dengue Fever)

뎅기열은 모기 매개 바이러스 감염증으로, 열대 및 아열대 지역에서 큰 공중 보건 문제로 여겨진다. 해외 지역, 특히 중남미, 동남아시아 방문 시 주의해야 한다. 주로 모기를 통해 전파되지만, 감염된 동물을 통해 간접적으로 전파될 가능성이 있다. 재감염 시 다른 혈청형에 감염되면 뎅기출혈열이나 뎅기쇼크증후군으로 진행되어 치사율이 높아진다.

① 병원체

- 뎅기 바이러스(Dengue virus), 4개의 혈청형(DENV-1, DENV-2, DENV-3, DENV-4)

② 전파 양식

- 주요 매개체는 숲모기(*Aedes*속 모기)
- 이집트숲모기(*Aedes aegypti*)와 흰줄숲모기(*Aedes albopictus*)
- 감염 동물을 흡혈한 모기가 사람이나 다른 동물을 흡혈해 바이러스 전파
- 일부 지역에서는 모기-영장류 사이에서 바이러스 순환

③ 주요 증상

가. 동물

- 영장류(원숭이)가 바이러스의 자연 숙주
- 원숭이: 감염은 드물고 대부분 무증상

나. 사람

- 발열, 두통, 오한, 근육통 등
  - 뎅기출혈열: 혈관 누출과 출혈 증상(잇몸 출혈, 코피, 대변에 혈액이 섞이는 증상), 복통, 지속적인 구토, 심한 혈소판 감소와 혈장 누출로 인한

저혈압, 간 손상으로 인해 황달
- 뎅기쇼크증후군: 혈관 누출과 쇼크로 이어지는 가장 심각한 형태로, 심한 혈압 저하로 인한 쇼크, 다발성 장기 부전

④ 예방 및 관리

- 상용화된 백신, 치료제 아직 없음 → 증상 완화를 위한 대증요법 시행
- 뎅기열 위험이 높은 지역의 일부 국가는 제한적으로 백신 사용 중
- 모기 방제(모기장, 방충제 사용 및 모기 서식지 제거 등)를 통해 감염 위험성 낮춤

(8) 지카 바이러스 감염증(Zika Virus Disease)

모기 매개 바이러스 감염증으로, 주로 열대 및 아열대 지역에서 발생한다.

① 병원체

- 지카 바이러스(Zika Virus)

② 전파 양식

- 주요 매개체는 숲모기(*Aedes*속 모기)
- 이집트숲모기(*Aedes aegypti*)와 흰줄숲모기(*Aedes albopictus*)
- 감염 동물을 흡혈한 모기가 사람이나 다른 동물을 흡혈해 바이러스 전파
- 일부 지역에서는 모기-영장류 사이에서 바이러스 순환
- 성 접촉, 수혈, 수직 감염(모체-태아 간 전파)으로도 전파 가능

③ 주요 증상

가. 동물

- 영장류(원숭이)가 자연 숙주 및 증폭 숙주
- 원숭이: 무증상 또는 경미한 증상, 드물게 발열, 피부 발진, 경미한 신경학적 증상

나. 사람

- 대부분 경미한 증상(발열, 두통, 피부 발진, 결막염, 근육통 및 관절통, 피로감과 불쾌감 등)
- 임산부 감염 시 유산 · 사산하거나 태아의 심각한 선천성 이상
  - 선천성 지카 바이러스 증후군: 소두증, 뇌 발달 이상, 시각장애 및 청각장애
  - 길랭-바레 증후군: 말초신경 손상으로 인한 근육 약화와 마비

④ 예방 및 관리

- 상용화된 백신, 치료제 현재까지 없음 → 증상 완화를 위한 대증요법 시행
- 모기 방제(모기장, 방충제 사용 및 모기 서식지 제거 등)
- 임산부 보호(지카 바이러스 유행 지역 방문 자제, 성 접촉 시 감염 방지를 위한 콘돔 사용)

(9) 황열(Yellow Fever)

모기 매개 바이러스 감염증으로, 열대 및 아열대 지역(특히 아프리카와 남아메리카)에서 주로 발생하는 급성 출혈열 질환이다. 황열은 효과적인 백신이 개발되어 예방이 가능한 질병이지만, 중증으로 진행되는 경우 높은 치사율을 보이는 만큼 예방과 감염 초기 단계에서의 조기 대응이 중요하다.

① 병원체

- 황열 바이러스(Yellow Fever virus)

② 전파 양식

- 주요 매개체는 이집트숲모기(*Aedes aegypti*) 또는 *Haemagogus*속 모기
- 감염된 동물(주로 영장류)을 흡혈한 모기가 사람이나 다른 동물을 흡혈하여 바이러스 전파

③ 주요 증상

가. 동물

- 원숭이가 보유 숙주 및 증폭 숙주
- 원숭이: 무증상 또는 경미한 증상, 일부에서 중증 진행

나. 사람

- 대부분 감기와 유사한 비특이적 증상: 고열. 두통, 근육통 등
- 일부 환자(약 15 %)에서는 출혈열로 진행: 황달, 출혈(잇몸 출혈, 코피, 혈뇨, 위장관 출혈), 쇼크, 다발성 장기 부전(치사율 20~50 %)

④ 예방 및 관리

- 백신 접종이 가장 효과적인 예방 방법(한 번 접종하면 평생 면역 가능)
- WHO는 황열 발생 지역 방문 전에 예방 접종을 권장
- 특별한 치료제 없음 → 증상 완화를 위한 대증요법 시행
- 모기 방제(모기장, 방충제 사용 및 모기 서식지 제거 등)를 통해 감염 위험성 낮춤

(10) 웨스트나일열(West Nile Fever)

모기 매개 바이러스 감염증으로, 주로 모기를 통해 사람에게 전파되는 바이러스성 질병이다. 대부분의 사람은 경증의 증상을 보이거나 무증상이지만, 일부 사람들은 중추신경계에 영향을 미치는 중증의 감염 증상을 보인다.

① 병원체

- 웨스트나일 바이러스(West Nile virus)

② 전파 양식

- 주요 매개체는 빨간집모기(*Culex* spp.)
- 감염된 동물(주로 새)을 흡혈한 모기가 다른 동물이나 사람을 물어 바이러스를 전파

- 사람 간 직접 전파는 없으나, 장기 이식, 수혈, 모체-태아 간 전파 등의 사례 보고됨

③ 주요 증상

가. 동물

- 새는 자연 숙주 및 증폭 숙주이고 말은 우연 숙주(accidental host)
- 새: 무증상 또는 경미한 증상, 일부 까마귓과에서 신경 증상, 무기력, 체중 감소
- 말: 신경 증상(비틀거림, 보행 이상, 마비, 근육 떨림)

나. 사람

- 우연 숙주(accidental host)
- 대부분(약 80 %): 무증상 또는 경미한 감염
- 일부 환자(약 20 %): 독감과 유사한 증상(발열, 두통, 피로, 근육통, 구토, 피부 발진 등)
- 일부 환자(1 % 미만): 바이러스가 중추신경계를 침범하여 뇌염, 수막염, 신경 마비, 경련, 혼수상태

④ 예방 및 관리

- 상용화된 백신, 치료제 현재까지 없음 → 증상 완화를 위한 대증요법 시행
- 말은 백신 접종으로 예방이 가능
- 모기 방제(모기장, 방충제 사용 및 모기 서식지 제거 등)를 통해 감염 위험성 낮춤

(11) 중동호흡기증후군(Middle East Respiratory Syndrome, MERS)

코로나 바이러스(Coronavirus, CoV) 감염으로 인한 급성 호흡기 질환이다. 2012년부터 중동 지역, 특히 사우디아라비아를 중심으로 발생하기 시작하였으며 이후 여러 국가로 전파되었다.

① 병원체

- MERS-CoV (MERS 코로나 바이러스)

② 전파 양식

- 낙타와의 접촉을 통한 감염 가능성
- 확진 환자의 가족이나 의료진 등과 같은 밀접 접촉자 사이에서 사람 간 전파 가능

③ 주요 증상

가. 동물

- 낙타 : 무증상 또는 경미한 상부 호흡기 증상

나. 사람

- 대부분 고열, 기침, 호흡 곤란 등의 호흡기 증상
- 일부 환자는 위장관 증상(예 : 설사)

④ 예방 및 관리

- 상용화된 백신, 치료제 현재까지 없음 → 증상 완화를 위한 대증요법 시행
- 낙타 등 동물과의 불필요한 접촉 주의, 익히지 않은 낙타 고기나 살균되지 않은 낙타유 섭취 자제
- 감염 위험 지역으로의 여행을 자제
- 위험 지역 방문 후 임상 증상 의심되면 즉시 의료기관 방문

(12) 중증급성호흡기증후군(Severe Acute Respiratory Syndrome, SARS)

코로나 바이러스(Coronavirus, CoV) 감염으로 인한 급성 호흡기 질환이다. 2002년 중국에서 처음 보고되어 전 세계적으로 대유행하였다.

① 병원체

- SARS-CoV(SARS 코로나 바이러스)

② 전파 양식

- 감염자의 호흡기 비말을 통해 전파
- 오염된 매개물을 통해 직접 또는 간접 접촉 감염
- 오염된 손으로 눈, 코, 입을 만질 때 감염 가능
- 환자의 체액에 오염된 물건을 통해서도 전파
- 사람 간 전염

③ 주요 증상

가. 동물

- 사향고양이와 박쥐가 자연 숙주로 추정
- 무증상 또는 경미한 증상(증상은 종에 따라 다를 수 있으며, 정확한 임상 양상 불분명)

나. 사람

- 초기 증상: 고열(38℃ 이상), 권태감, 근육통, 두통, 오한 등의 증상
- 진행 증상: 마른기침, 호흡 곤란, 일부 환자는 대량의 수양성 설사

④ 예방 및 관리

- 상용화된 백신, 치료제 현재까지 없음 → 증상 완화를 위한 대증요법 시행
- 중증 환자의 경우 급속히 호흡부전이 진행되어 집중 치료 필요
- 손 씻기와 같은 개인위생을 철저히 하고, 감염 위험 지역으로의 여행 자제

(13) 코로나19 바이러스감염증(SARS-CoV-2, COVID-19)

2019년 말부터 전 세계적 팬데믹을 초래한 급성호흡기질환으로, 경증에서 중증까지 다양한 임상 증상을 보인다.

① 병원체

- SARS-CoV-2(코로나19 바이러스)

② 전파 양식

- 감염된 동물(특히 밍크, 고양이, 개 등)과 접촉 시 바이러스에 노출되어 감염 가능
- 감염자의 비말을 흡입하거나 눈, 코, 입의 점막에 접촉하여 감염 가능
- 오염된 물체나 표면을 접촉할 때 감염 가능

③ 주요 증상

가. 동물

- 개, 고양이, 호랑이, 사자 등에서 감염 사례 보고
- 대부분 경미한 증상, 특별한 치료 없이 회복
- 기침, 콧물, 설사, 구토, 식욕 부진, 무기력증 등의 증상

나. 사람

- 발열, 기침, 피로감, 후각 및 미각 상실 등
- 일부 환자는 인후통, 두통, 근육통, 설사, 피부 발진, 호흡 곤란, 흉통, 언어 또는 운동 장애 등이 동반될 수 있음

④ 예방 및 관리

- 백신 접종(코로나19 백신)
- 특별한 치료제 없음 → 증상 완화를 위한 대증요법 시행
- 중증 환자의 경우 산소 치료, 인공호흡기 지원
- 개인위생 수칙, 방역 지침 준수(마스크 착용, 사회적 거리 두기, 밀폐된 실내 공간 환기 등)

(14) 조류 인플루엔자(Avian Influenza, AI)

사람에게 전염될 경우, 폐렴 및 급성 호흡기 증후군 유발, 일부 고병원성 변종은 치사율이 높다. 특정 아형(H5N1, H7N9 등)의 경우, 사람에게 치명적일 수 있는 감염 가능성이 존재한다.

① 병원체

- 인플루엔자 A형 바이러스 (H5N1, H7N9, H9N2 등)

② 전파 양식

- 감염된 조류(야생 조류, 가금류)의 분비물, 배설물 등과의 접촉

③ 주요 증상

가. 동물

- 닭, 칠면조: 사료섭취 감소, 산란율 저하, 벼슬의 청색증, 머리와 안면의 부종, 급격한 폐사
- 오리: 산란율 감소, 사료 섭취량 감소, 폐사 (약 10 % 내외)

나. 사람

- 고열, 호흡기 증상, 근육통, 폐렴 등

④ 예방 및 관리

- 감염된 가금류 살처분
- 보호 장비 착용 및 환경 소독 철저
- 백신 접종

(15) 돼지독감(Swine Influenza)

돼지를 매개로 전염되는 인플루엔자 바이러스 질환을 말한다. 돼지에게는 독감과 유사한 증상이 나타나며, 사람에게도 감염될 가능성이 있다.

① 병원체

- 인플루엔자 A형 바이러스(H1N1 등)

② 전파 양식

- 감염된 돼지의 호흡기 분비물과의 접촉

③ 주요 증상

가. 동물

- 돼지: 발열, 기침, 재채기, 콧물, 식욕 부진, 무기력, 호흡 곤란, 폐렴 등

나. 사람

- 발열, 기침, 인후통, 근육통, 두통, 오한, 피로감, 드물게 설사나 구토

④ 예방 및 관리

- 돼지와의 직접적인 접촉 자제
- 축산업 종사자 보호 장비 착용 및 개인위생 철저

(16) 헨드라 바이러스 감염증(Hendra virus Infections)

헨드라 바이러스에 의해 유발되는 감염증으로, 과일박쥐가 자연 숙주이다.

① 병원체

- 헨드라 바이러스(생물안전 4등급의 치명적인 병원체)

② 전파 양식

- 과일박쥐의 배설물이나 타액으로 오염된 먹이나 물을 통해 말에 감염
- 감염된 동물과의 밀접한 접촉을 통해 사람에게 전파
- 일부 사람 간 전파

③ 주요 증상

가. 동물

- 말: 발열, 기침, 호흡 곤란, 신경학적 증상 (비틀거림, 경련 등)

나. 사람

- 발열, 두통, 기침, 호흡 곤란, 뇌염 증상 (혼란, 경련 등)

④ 예방 및 관리

- 감염 동물과의 접촉 자제, 개인위생 철저

(17) 니파 바이러스 감염증(Nipah Virus Infection)

1998년 말레이시아에서 처음 확인된 이후 방글라데시를 비롯한 아시아 동남부, 인도, 싱가포르 등 매년 다양한 지역에서 꾸준히 환자가 발생하고 있다. 전 세계에서 가장 치명적인 바이러스 중 하나로, 감염 예방을 위해서 감염된 동물과의 밀접한 접촉을 피하고, 감염 위험이 있는 식품의 섭취를 자제하는 것이 중요하다.

① 병원체

- 니파 바이러스(생물안전 4등급의 치명적인 병원체)

② 전파 양식

- 과일박쥐의 배설물이나 타액으로 오염된 음식물이나 물을 통해 감염
- 중간 숙주인 돼지와의 접촉을 통한 전파
- 감염된 사람과의 직접 접촉을 통해 사람 간 전파도 가능

③ 주요 증상

가. 동물

- 과일박쥐가 바이러스의 보유 숙주, 돼지가 중간 숙주이자 증폭 숙주
- 돼지 : 기침, 호흡기 증상, 경련, 신경 증상

나. 사람

- 급성 호흡기 감염 : 발열, 두통, 기침, 인후통, 호흡 곤란 등
- 뇌염, 혼수상태에 이름(치명률은 40~70 %)

④ 예방 및 관리

- 상용화된 백신은 아직 없음
- 특별한 치료제 없음 → 증상 완화를 위한 대증요법 시행
- 감염 동물과의 접촉 자제, 개인위생 철저

(18) 에볼라 바이러스 감염증(Ebola Virus Disease)

심각한 출혈열을 유발하는 에볼라 바이러스는 여러 종으로 나뉘며, 에볼라 출혈열의 치사율은 바이러스 종에 따라 25~90%까지 다양하다.

① 병원체

- 에볼라 바이러스(생물안전 4등급의 치명적인 병원체)

② 전파 양식

- 감염 동물 또는 감염자의 체액(혈액, 타액, 땀, 소변, 대변 등)과의 접촉을 통한 전파

③ 주요 증상

가. 동물

- 과일박쥐가 바이러스의 보유 숙주이며, 바이러스 전파 역할을 함
- 과일박쥐: 무증상
- 유인원, 원숭이: 식욕 부진, 무기력, 발열, 출혈(코, 입, 항문 등), 구토, 설사, 급성 사망

나. 사람

- 갑작스러운 고열, 두통, 근육통, 관절통, 피로감, 식욕 부진, 인후통, 가벼운 발진
- 위장 증상(구토, 심한 설사, 복통), 점막 출혈(코피, 잇몸 출혈, 결막 충혈), 심한 발진과 체중 감소 및 혈액 응고 이상으로 인한 내출혈과 외출혈
- 다발성 장기 부전(간, 신장 등), 혼수상태, 저혈압, 쇼크, 출혈성 쇼크, 사망

④ 예방 및 관리

- 상용화된 백신, 치료제 현재까지 없음 → 증상 완화를 위한 대증요법 시행
- 감염 동물, 감염자 격리 조치
- 의료진, 대중을 위한 개인보호장비 사용

(19) 마버그 바이러스 감염증(마버그열, Marburg hemorrhagic fever)

인간에게 심각한 출혈성 질환을 일으키는 치명적인 바이러스성 감염병으로, 주로 아프리카에서 발생한다. 숙주로부터 마버그 바이러스가 전파되는 경로는 아직 분명히 밝혀지지 않았으나 2차 감염을 막기 위해 환자의 체액, 분비물과 접촉하지 않는 것이 중요하다.

① 병원체

- 마버그 바이러스(생물안전 4등급의 치명적인 병원체)

② 전파 양식

- 감염된 박쥐와의 직접적인 접촉 또는 감염된 동물(예: 원숭이)의 체액이나 조직과의 접촉
- 감염된 박쥐의 배설물이나 체액에 오염된 음식물이나 물을 통해 사람에게 전파
- 감염된 사람의 체액과의 직접적인 접촉을 통해 사람 간 전파도 가능

③ 주요 증상

가. 동물

- 박쥐: 무증상 감염(과일박쥐가 마버그 바이러스의 자연 숙주)

나. 사람

- 발열, 오한, 두통, 근육통, 권태감 등
- 인두염, 구토, 설사, 출혈, 장기 부전, 쇼크, 혈관 질환, 신경계 질환, 사망

④ 예방 및 관리

- 상용화된 백신, 치료제 현재까지 없음 → 증상 완화를 위한 대증요법 시행
- 유행 지역에서 박쥐나 야생 동물과의 접촉 최소화
- 개인위생 수칙 준수

(20) 라싸열(Lassa fever)

주로 서아프리카 지역에서 발생하는 급성 바이러스성 질환으로, 6~21일 정도의 잠복기를 지나 출혈성 발열을 유발한다.

① 병원체

- 라싸 바이러스(생물안전 4등급의 치명적인 병원체)

② 전파 양식

- 환경에 배출된 배설물, 분비물과의 직접 접촉 또는 에어로졸을 통한 흡입 감염
- 감염된 사람의 체액과의 직접적인 접촉을 통해 사람 간 전파

③ 주요 증상

가. 동물

- 설치류(아프리카 들쥐)가 바이러스의 주요 동물 숙주
- 들쥐: 무증상 감염

나. 사람

- 점진적인 발열, 기운 없음, 두통, 근육통 등
- 오심, 구토, 복통과 같은 소화기계 증상
- 전신적인 발진, 기침, 호흡 곤란, 흉통과 함께 폐렴이 동반
- 청력 손실, 어지러움, 뇌수막염, 경련, 출혈(사망: 고위험군의 한 지표)

④ 예방 및 관리

- 상용화된 백신, 치료제 현재까지 없음 → 증상 완화를 위한 대증요법 시행
- 손 씻기 등 개인위생 철저
- 유행 지역에서 감염자나 감염 동물의 체액과의 접촉 최소화
- 조리되지 않은 야생 동물의 육류 섭취 자제

(21) 크리미안-콩고출혈열(Crimean-Congo Hemorrhagic Fever, CCHF)

주로 아프리카, 아시아, 동유럽 등에서 발생하는 급성 바이러스성 질환으로, 출혈성 증상과 함께 높은 치명률을 보이며, 진드기 매개로 감염된다.

① 병원체

- 크리미안-콩고출혈열 바이러스(생물안전 4등급의 치명적인 병원체)

② 전파 양식

- 매개체는 진드기(주로 참진드기속)
- 진드기에 물려 감염된 동물의 혈액이나 조직과의 접촉을 통해 사람에게 전염
- 감염된 사람의 혈액, 분비물, 장기 등 체액과의 직접적인 접촉을 통해 사람 간 전파

③ 주요 증상

가. 동물

- 가축(소, 양, 염소): 바이러스의 보유 숙주로 무증상 감염
- 야생 동물(설치류, 철새, 타조, 토끼): 무증상 감염

나. 사람

- 발열, 두통, 근육통, 오한 등이 나타나며,
- 구토, 설사, 복통, 출혈 증상(피부, 점막, 내부 장기에서 발생), 심한 경우 사망

④ 예방 및 관리

- 상용화된 백신, 치료제 아직 없음 → 증상 완화를 위한 대증요법 시행
- 진드기 노출 최소화(보호 장비 착용, 진드기 살충제 사용 등)
- 감염자나 감염 동물의 혈액, 체액, 조직과의 접촉을 피하는 것이 중요

3) 세포 내 기생 세균성 인수공통감염병

리케차, 오리엔티아, 콕시엘라, 클라미디아, 아나플라즈마 등은 모두 세포 내 기생 세균으로, 생물학적으로는 세균이지만, 바이러스처럼 숙주의 세포 안에서 증식할 수 있다는 점에서 일반적인 세균과는 구분된다. 콕시엘라는 세포 내 기생을 선호하지만, 세포 외 생존도 가능하다는 점에서 리케차와는 차이가 있다. 쯔쯔가무시병, 발진열, Q열은 법정 감염병으로, 즉시 보건 당국에 알린다.

〈표 5-2〉 주요 리케차성 인수공통감염병

그룹	질병명	병원체	주요 매개체	주요 발병 지역	주요 증상
초원열균 (scrub typhus group)	쯔쯔가무시병 (Tsutsugamushi, Scrub Typhus)	*Orientia tsutsugamushi*	털진드기 유충	동남아시아, 일본, 한국	고열, 두통, 가피, 발진
홍반열균 (psotted fever group)	록키산 홍반열 (Rocky Mountain Spotted Fever)	*Rickettsia rickettsii*	진드기, 개진드기	미국, 남미	고열, 두통, 근육통, 손발에서 시작해 몸통으로 퍼지는 반구진성 발진
티푸스군 (typhus group)	발진티푸스 (Epidemic Typhus)	*Rickettsia prowazekii*	이	위생이 열악한 환경	고열, 근육통, 몸통 중심의 반점성 발진, 중증 진행 시 신경계 증상
	발진열 (Murine Typhus)	*Rickettsia typhi*	벼룩	열대 및 아열대 지역	발열, 두통, 몸통 중심의 반구진성 발진, 오심, 구토

리케차 감염에 의해 발생하는 발열성 질환으로, 주로 야생 동물이 보유 숙주이며, 진드기, 벼룩, 이 등 절지동물이 매개체 역할을 한다. 이 질환은 전 세계적으로 다양한 형태로 나타나며, 매개체 관리와 예방이 핵심이다. 발진티푸스와 록키산 홍반열은 치료하지 않을 경우 치명적일 수 있으므로, 조기 진단과 적절한 항생제 치료가 매우 중요하다.

(1) 쯔쯔가무시병(Tsutsugamushi, Scrub Typhus)

오리엔티아 쯔쯔가무시(*Orientia tsutsugamushi*)라는 세균에 의해 발생하는 감염병으로, 아시아-태평양 지역에서 자주 보고된다. 주로 가을철에 급성으로 발병한다. 균이 혈액과 림프를 통해 전신으로 퍼지면서 혈관염과 발열을 일으키고, 털진드기 유충에 물린 부위에 가피가 형성되는 것이 특징이다.

① 병원체

- 오리엔티아 쯔쯔가무시(*Orientia tsutsugamushi*)
  - 리케차과 오리엔티아속에 속하는 세포 내 기생 세균

② 전파 양식

- 털진드기는 매개체이자 병원체 보유체로, 설치류에 기생하는 털진드기(mite)에 의해 전파
- 털진드기는 병원체를 수직적으로 전달(경란감염)
- 털진드기 유충이 체액 흡수 과정에서 병원체가 체내로 유입되어 감염

③ 주요 증상

가. 동물

- 설치류(쥐 등)가 병원체 보유 숙주로, 주로 무증상 감염

나. 사람

- 발열, 근육통, 반점상 발진, 림프절 종대 등의 증상
- 물린 부위에 가피(딱지, eschar)가 생기는 특징
- 다발성 장기 부전(폐렴, 간부전 등), 의식 저하, 쇼크

④ 예방 및 관리

- 동물과 환경의 위생 관리, 기생충 방제, 적절한 개인 보호 조치
- 진드기 서식지(초원, 덤불 지역)에서 긴 옷 착용, 기피제 사용
- 항생제 치료(조기 치료가 중요하며, 조기 치료 시 예후가 좋음)

(2) 록키산 홍반열(Rocky Mountain Spotted Fever)

① 병원체

- 리케차(*Rickettsia rickettsii*)

② 전파 양식

- 진드기(개진드기, 미국개진드기)가 주요 매개체로, 균을 보유한 진드기에 물리는 과정에서 병원체가 체내로 침투하여 감염

③ 주요 증상

가. 동물

- 개: 발열, 무기력, 구토, 피부 출혈반

나. 사람

- 발열, 두통, 발진, 중증 혈관염, 장기 손상 가능

④ 예방 및 관리

- 진드기 제거 및 진드기 기피제 사용 등 예방 조치
- 감염된 동물과 진드기 취급 시 장갑과 보호구 착용

(3) 발진티푸스(Epidemic Typhus)

발진티푸스는 과거 큰 피해를 일으킨 전염병으로, 오늘날에도 위생이 불량한 환경에서 발생할 수 있어 공중보건 관리가 중요하다. 날다람쥐 등 특정 야생 동물이 병원체의 보유 숙주이며, 이를 절지동물 매개체가 사람에게 전파한다. 병원체는 주로 사람과 매개체 사이에서 순환한다. 감염 후 1~2주의 잠복기를 거쳐 급성 증상이 나타나며, 적절한 치료가 이루어지지 않으면 치명률이 10~40%에 이를 수 있다.

① 병원체

- 리케차(*Rickettsia prowazekii*)

② 전파 양식

- 이가 주요 매개체로, 이의 배설물에 포함된 병원체가 피부나 점막의 상처를 통해 체내로 유입되어 감염

③ 주요 증상

가. 동물

- 날다람쥐: 무증상(사람에게 전염 가능성 있음)

나. 사람

- 발열, 두통, 반점성 또는 반구진성 발진, 중추신경계 증상(착란, 환각, 의식 저하) 및 다발성 장기 손상(폐, 간, 신장)

④ 예방 및 관리

- 위생 관리(목욕, 의복 세척, 이의 제거)
- 재난 지역에서 이의 감염 방지와 사람 간 전염 차단
- 항생제 치료(조기 치료 시 예후가 좋으며, 중증으로 진행 전 치료가 중요)

(4) 발진열(Murine Typhus, 쥐벼룩티푸스, 벼룩매개티푸스)

리케차과 리케차속 세균에 의해 발생하는 급성 열성 전염병으로, 증상은 발진티푸스와 유사하지만, 일반적으로 경미하다. 적절한 항생제 치료로 회복이 가능하다. 주로 가을철에 농촌이나 곡물 창고 등 쥐가 많이 서식하는 지역에서 발병한다.

① 병원체

- 리케차 타이피(*Rickettsia typhi*)

② 전파 양식

- 쥐와 쥐벼룩이 병원소(병원체를 보유하면서 평생 전염성을 유지하며 병원체를 배설)이며, 쥐벼룩은 매개체이자 병원소이자 매개체

- 감염된 동물(쥐, 고양이 등)을 흡혈한 쥐벼룩 또는 고양이벼룩이 병원체 전파
- 감염된 벼룩의 배설물에 포함된 병원체가 피부나 점막의 상처를 통해 체내로 침투하여 감염
- 먼지나 비말을 통해 흡입 감염
- 사람 간 전파는 없음(환자 격리 불필요)

③ 주요 증상

가. 동물

- 쥐와 고양이 : 무증상 감염

나. 사람

- 발열, 두통, 오한, 근육통, 식욕 부진, 구토, 발진 등

④ 예방 및 관리

- 상용화된 백신 아직 없음
- 쥐와 벼룩 방제(환경 소독 및 벼룩 서식지 제거 등)
- 벼룩에 물리지 않도록 피부 노출 최소화(야외 활동 시 적절한 의복 착용)
- 야생 동물이나 길고양이와의 접촉 최소화
- 항생제 치료, 증상에 따라 적절한 대증요법이 병행

(5) 큐열(Q Fever)

세포 안과 밖을 오가면서 기생할 수 있는 콕시엘라속 세균에 의한 인수공통 감염병으로, 감염된 동물(소, 양, 염소, 고양이, 개를 포함한 포유류)의 우유, 소변, 대변, 질 점액 또는 정액과의 접촉으로 발생한다.

① 병원체

- 콕시엘라(*Coxiella burnetii*)

② 전파 양식

- 진드기에 의해 매개
- 감염 동물의 분비물(태반, 양수, 분변, 우유 등)과의 접촉이나 오염된 환경을 통해 전파

③ 주요 증상

가. 동물

- 소, 양, 염소: 무증상, 간혹 유산, 불임 등의 생식기 이상 증상

나. 사람

- 급성: 고열, 두통, 근육통, 피로감 등 독감 유사 증상
- 만성: 심내막염 등 치명적인 합병증

④ 예방 및 관리

- 감염 동물의 분비물(양이나 염소 등의 태반, 태아막, 유산된 태아와 같은 출산 적출물)의 적절한 처리
- 분비물 처리 시 개인 보호 장비 사용
- 유제품은 살균 처리(62.7°C에서 30분, 71.6°C에서 15초간 균 사멸) 후 섭취하는 것을 권장

(6) 앵무병(Psittacosis), 조류 클라미디움증

클라미디아 세균으로 인해 발생하는 인수공통감염병으로, 앵무새나 다른 조류로부터 사람에게 전염될 수 있으며, 감염된 새의 배설물이나 분비물을 흡입하거나 접촉하는 경우에 발생한다. 사람에게는 독감과 비슷한 증상이 나타날 수 있으며, 심한 경우 폐렴으로 발전할 수 있다.

① 병원체

- 클라미디아(*Chlamydia psittaci*)

② 전파 양식

- 감염된 조류(주로 앵무새)의 분비물이나 배설물에서 나오는 먼지를 흡입
- 감염된 새와의 직접적인 접촉을 통해 감염
- 감염된 새의 배설물, 분비물, 깃털의 먼지를 통해 세균이 공기 중으로 퍼져 전파

③ 주요 증상

가. 동물

- 앵무새: 식욕 부진, 체중 감소, 무기력, 눈과 코에서의 분비물 증가, 호흡기 증상(기침, 재채기, 호흡 곤란), 설사 등

나. 사람

- 두통, 근육통, 기침, 발열과 오한 등, 심할 경우 폐렴 등으로 이어져 사망

④ 예방 및 관리

- 항생제 치료
- 감염된 조류와의 접촉 자제
- 새 주변 환경을 청소할 때는 적절한 보호 장비 착용, 개인위생 관리

(7) 아나플라스마증(Anaplasmosis)

아나플라스마과 아나플라스마속에 속하는 세포 내 기생 세균에 의해 발생하는 질병으로, 주로 진드기에 의해 전파된다. 이 병원체는 사람을 포함한 다양한 동물의 호중구에 감염된다.

① 병원체

- 아나플라스마속 세균(*Anaplasma phagocytophilum*)

② 전파 양식

- 감염된 진드기(참진드기속)가 다른 동물이나 사람을 물 때 병원체 전파

③ 주요 증상

가. 동물

- 개, 소, 양, 염소, 말, 야생 동물: 고열, 빈혈, 황달, 식욕 부진, 체중 감소

나. 사람

- 발열, 두통, 근육통, 메스꺼움, 구토, 복통, 심한 경우 호흡 곤란, 출혈, 신경학적 증상

④ 예방 및 관리

- 진드기 노출 최소화(야외 활동 시 적절한 의복 착용) 및 진드기 방제
- 항생제 치료

(8) 에리키아증(Ehrlichiosis)

아나플라스마과 에리키아속에 속하는 세포 내 기생 세균에 의해 발생하는 질병으로, 주로 진드기에 의해 전파되는 인수공통감염병이다.

① 병원체

- 에리키아(*Ehrlichia canis*, *Ehrlichia ewingii*)

② 전파 양식

- 감염된 진드기에 물려 전파, 반려견이 감염원이 될 수 있음
- 진드기에 감염된 반려견이 사람과의 밀접 접촉으로 인해 간접적으로 전파

③ 주요 증상

가. 동물

- 개: 발열, 림프절 종대, 점막 출혈, 간비대, 부정맥, 다뇨(잦은 배뇨), 타박상, 관절의 경직, 부기, 통증, 신경학적 이상(균형 감각 저하, 발작 등)

나. 사람

- 무증상 또는 발열, 두통, 근육통, 구토, 기침, 일부 환자는 발진

- 면역 저하자: 파종성 혈관 내 응고, 다발성 장기 부전, 신경계 이상으로 발작 가능

④ 예방 및 관리

- 진드기 기피제 등 반려동물의 정기적 예방 관리
- 진드기 노출 최소화(야외 활동 시 적절한 의복 착용) 및 진드기 방제
- 항생제 치료

4) 원충성 인수공통감염병(Protozoan zoonosis)

기생충 중에서도 단세포로 이루어진 원생동물(원충, Protozoa) 감염에 의해 야기되는 질병이다.

(1) 말라리아

말라리아 원충에 감염된 모기가 사람을 물어 감염되는 급성 열성 질환으로, 강원도, 경기 북부, 경기 파주, 경기 김포 지역은 국내 말라리아 위험 지역이다. 말라리아 원충에 의해 발생하며, 사람과 원숭이 간 전염이 가능하다.

① 병원체

- *Plasmodium*속의 원충[삼일열 말라리아(*P. vivax*), 난형열 말라리아(*P. ovale*), 사일열 말라리아(*P. malariae*), 열대열 말라리아(*P. falciparum*)]

② 전파 양식

- 매개체는 얼룩날개모기속(*Anopheles species*)의 암컷 모기
- 감염된 동물의 혈액을 흡혈한 모기가 다른 동물이나 사람을 물 때 병원체를 전파
- 모기의 침을 통해 혈액에 주입된 말라리아 원충은 간과 적혈구에 기생하며 증식

③ 주요 증상

가. 동물

- 원숭이: 발열, 식욕 부진, 체중 감소 등의 증상

나. 사람

- 일정한 주기의 규칙적 발열, 빈혈 및 비장종대가 나타남
- 오한, 발한, 두통, 근육통, 오심, 구토, 설사
- 저혈압, 뇌성 혼수, 간질성 폐렴, 심근부종 등 심각한 합병증 유발(특히 열대열원충 감염 시)

④ 예방 및 관리

- 모기 노출 최소화(외출 자제, 적절한 의복 착용, 모기장 및 모기 기피제 사용)
- 항말라리아제를 사용하여 치료(조기 진단하여 치료 시 완치 가능)

(2) 톡소플라즈마증(Toxoplasmosis)

톡소플라즈마증은 세계적으로 가장 널리 퍼진 원충성 인수공통감염병으로, 고양이가 주요 숙주 역할을 하며, 특히 면역 저하자와 임신부에서 심각한 영향을 미친다.

① 병원체

- 톡소플라즈마(*Toxoplasma gondii*)

② 전파 양식

- 감염된 고양이의 분변으로 배출된 난포낭(oocyst)에 오염된 환경(흙, 물, 음식 등)이나 기구를 통해 전파
- 감염된 고기, 특히 덜 익힌 고기나 육회를 섭취하거나 오염된 손을 통해 경구 감염 발생
- 임신부에서 태아로 수직 감염

③ 주요 증상

가. 동물

- 고양이가 종숙주이며, 기타 동물은 원충의 중간 숙주로 작용
- 감염 동물은 대부분 무증상, 드물게 설사, 발열, 기력 저하. 면역 저하 동물에서 폐렴, 간염, 신경 증상
- 돼지와 소에서의 경제적 피해가 큼

나. 사람

- 대부분 독감 유사 증상(발열, 근육통)
- 임산부: 감염 시 유산 또는 태아 선천적 톡소플라스마증(시각장애, 청각장애, 발달장애)
- 면역 저하자: 중증 감염, 뇌염, 폐렴, 안구 감염(시력 손실)

④ 예방 및 관리

- 고양이 배설물 관리 및 개인위생 철저
- 덜 익힌 육류 섭취를 피하고 완전히 익혀 섭취

(3) 지아디아증(Giardiasis)

원생 기생충인 지아디아(*Giardia*)에 의해 발생하는 감염증으로, 감염된 사람이나 동물의 분변에 의해 오염된 물속에 있는 *Giardia*의 낭포를 섭취함으로써 발생한다.

① 병원체

- 지아디아(*Giardia lamblia* 또는 *Giardia intestinalis*)

② 전파 양식

- 감염된 동물의 분변, 오염된 물이나 음식 섭취
- 병원 내에서 감염 동물의 분변을 통해 전파 가능

③ 주요 증상

가. 동물

- 설사, 체중 감소, 탈수. 무증상이거나 경미한 증상

나. 사람

- 무증상이거나 설사, 복부 경련, 가스, 체중 감소

④ 예방 및 관리

- 분변 처리 후 손 씻기 생활화 및 소독 철저

(4) 바베시아증(babesiosis, 바베시아 감염증, 바베스열원충증)

바베시아속의 원충에 의해 발생하는 질병으로, 주로 진드기에 의해 전파된다. 병원체는 동물의 적혈구에 기생하여 적혈구를 파괴하여 용혈성 빈혈을 유발한다.

① 병원체

- 바베시아(*Babesia canis*, *Babesia gibsoni*)

② 전파 양식

- 매개체는 사슴진드기(참진드기)
- 감염 동물을 흡혈한 진드기가 다른 동물이나 사람을 물 때, 진드기 체내에 있는 병원체를 전파
- 감염된 동물의 혈액 접촉을 통해서도 전파
- 수혈을 통해 사람 간 전파

③ 주요 증상

가. 동물

- 사슴, 소, 설치류: 주로 무증상 감염
- 소: 고열과 혈뇨 및 호흡과 맥박이 증가, 식욕 부진, 빈혈, 황달

나. 사람

- 발열, 오한, 빈혈, 심한 경우 장기 손상
- 무증상 또는 경미한 증상, 면역력이 약한 사람은 중증으로 진행
- 발열, 두통, 근육 및 관절 통증, 피로

④ 예방 및 관리

- 경증의 경우 특별한 치료 없이 자연 회복
- 항바베시아제 병용 요법
- 진드기 노출 최소화(야외 활동 시 적절한 의복 착용, 진드기 기피제 사용)
- 주변 환경 관리. 감염 동물 치료 시 개인 보호 장비 사용
- 수혈 시 감염 여부를 확인하는 등의 예방 조치

(5) 아메바성 이질(Amoebic dysentery)

유행 지역을 여행한 후 발생하는 여행자 설사병의 주요 원인체로, 전 세계적으로 분포하나 열대 지방과 아열대 지방에서 위생 상태가 열악하고 오염수를 식수로 사용하는 지역에서 다발한다. 불현성 감염자가 많으며, 만성 감염자가 질병의 전파에 중요 매개체로 작용한다.

① 병원체

- 이질아메바(*Entamoeba histolytica*)

② 전파 양식

- 감염 동물(원숭이, 돼지, 소, 개 등)이 배출한 분변에 오염된 물이나 음식물을 통한 경구 감염
- 수인성 전염병으로, 주로 물이나 음식으로 전파
- 환자와의 직접적인 신체 접촉으로 감염되며, 특히 동성애자에서 감염률이 높음

③ 주요 증상

가. 동물

- 원숭이(감염률 높음)에서 간농양과 설사를 유발

나. 사람

- 일반적으로 간농양과 설사를 유발
- 급성 또는 만성 소화장애로 설사, 변비, 혈변, 점액변, 복통 및 오한 유발
- 병원체는 주로 대장에 기생하나, 다른 장기에도 전이하여 다양한 임상 증상을 유발 가능

④ 예방 및 관리

- 식수의 위생적 처리 및 개인위생과 주방 위생에 유의

(6) 와포자충증(크립토스포리디움증, Cryptosporidiosis)

와포자충 원충에 의해 발생하는 감염증으로, 사람이나 동물의 장내 상피세포에 기생하며, 전 세계적으로 널리 분포한다. 주로 오염된 물이나 음식을 섭취하거나, 감염된 동물과의 접촉 등으로 감염되며, 주된 증상은 설사, 복통, 구토, 미열 등이 있으며, 면역력이 약한 사람에게는 더 심각한 증상을 유발할 수 있다.

① 병원체

- 크립토스포리디움(*Cryptosporidium parvum*)

② 전파 양식

- 감염 동물의 분변을 통해 난포낭(oocyst)이 배출
- 오염된 물 섭취

③ 주요 증상

가. 동물

- 개, 고양이, 소, 돼지: 수양성 설사, 복통, 구토, 식욕 부진, 성장 저하, 면역

저하 시 증상 심각

나. 사람

- 복통을 동반한 수양성 설사, 구토, 발열 및 두통
- 면역 저하자는 만성 설사 및 전신 감염

④ 예방 및 관리

- 개인위생 관리
- 철저한 분변 관리 및 환경 소독을 통해 예방

(7) 발란티디움 이질(발란티디움증, Balantidiasis)

세계적으로 분포하며, 감염된 동물(특히 돼지, 원숭이 등)의 분변으로 배출되는 포낭의 경구적 섭취로 인해 발생한다. 집단 발생은 돼지의 분변에 오염된 상수원에 의하여 발생하며, 돼지를 사육하는 농가가 위험군이다.

① 병원체

- 발란티디움(*Balantidium coli*)

② 전파 양식

- '분변-구강 경로'에 의한 감염

③ 주요 증상

가. 동물

- 돼지, 원숭이, 개, 쥐, 기니피그 등: 무증상 감염(돼지 감염률이 특히 높음)

나. 사람

- 무증상자가 많으며, 재발성 설사와 변비가 교대로 일어나는 것이 특징

④ 예방 및 관리

- 감염된 돼지와 원숭이의 분변 처리에 유의하고, 오염물의 섭취 경로 차단

(8) 리슈마니아증 (Leishmaniasis)

리슈마니아라는 원생 기생충에 의한 질병으로, 암컷 흡혈파리(sand fly)에 물려 감염된다. 수혈 감염, 성행위 감염도 드물게 보고되고 감염에 의해 일생동안 지속되는 종특이적 면역이 생긴다.

① 병원체

- 리슈마니아속의 원충(*Leishmania tropica*, *L. donovani*, *L. braziliensis*)

② 전파 양식

- 흡혈파리가 감염 동물에서 사람으로 리슈마니아 원충을 전파
- 리슈마니아 원충이 사람과 동물의 피부나 점막에 침투하여 감염을 일으킴
- 감염 동물의 체액과의 접촉으로 전파 가능

③ 주요 증상

가. 동물

- 개, 고양이, 여우, 자칼 등 야생 육식동물이 보유 숙주
- 피부 병변, 탈모, 림프절 비대, 체중 감소

나. 사람

- 피부형 : 피부 병변(궤양, 결절)
- 점막형 : 코, 입, 목 등의 점막에 병변
- 내장형 : 비장, 간, 골수 등이 침범되어 발열, 간비대, 비장 비대, 체중 감소, 빈혈 등 증상

④ 예방 및 관리

- 흡혈파리 방제(모기장 사용, 기피제 사용 등)
- 흡혈파리 노출 최소화(외출 자제, 야외 활동 시 적절한 의복 착용)
- 항리슈마니아제 등의 약물을 사용하여 치료

(9) 트리파노소마증(Trypanosomiasis)

원충에 의해 발생하는 질환으로, 아메리카 트리파노소마증이라고도 불리며, 주로 중남미 지역에서 유행하며 샤가스병(Chagas disease)이라고도 한다.

① 병원체

- 트리파노소마(*Trypanosoma cruzi*)

② 전파 양식

- 감염된 흡혈 빈대에 물리거나 감염 동물의 체액 접촉
- 감염된 혈액의 수혈, 장기 이식, 오염된 음식물 섭취, 감염된 산모로부터 태아에게 전파

③ 주요 증상

가. 동물

- 야생 동물(주머니쥐, 아르마딜로 등): 자연 숙주로서 무증상 감염
- 개: 일부 개는 무증상, 증상이 발현되면 급성 또는 만성의 임상 증상
  - 급성 증상: 발열, 무기력, 식욕 부진, 림프절 비대, 간과 비장의 비대, 심근염 증상
  - 만성 증상: 심장 비대, 부정맥, 심부전 등의 심장 관련 증상
- 고양이: 임상 증상이 뚜렷하지 않을 수 있지만, 무기력, 발열, 체중 감소, 신경학적 증상

나. 사람

- 급성: 림프절 염증, 발열, 오한, 피부 발진 → 심근염, 심부전 뇌수막염으로 발전, 사망
- 만성: 심장 질환, 소화기계 장애(거대식도, 거대 대장 등의 증상)

④ 예방 및 관리

- 빈대 방제 및 감염 동물의 체액 접촉 시 주의

- 유행 지역에서 빈대에 물리지 않도록 주의
- 수혈이나 장기 이식 시 감염 여부를 철저히 검사
- 오염된 음식물 섭취를 피할 것

5) 기생충성 인수공통감염병

동물과 사람 사이에서 전파될 수 있는 내부 또는 외부기생충에 의한 감염 질환으로, 주로 동물의 배설물, 체액, 피부 접촉, 또는 오염된 환경 등을 통해 전파된다.

(1) 개회충증(톡소카라증, Toxocariasis)

개회충(*Toxocara canis*)에 의해 발생하는 질병으로, 전 세계적으로 널리 분포하며 특히 어린 강아지에서 흔히 발견된다. 회충 알을 섭취하면, 알은 장내에서 부화하여 유충이 되어 소장의 벽을 뚫고 혈류를 통해 다양한 조직으로 이동(유충이행증)하여 염증을 유발한다.

① 병원체

- 개회충(*Toxocara canis*), 고양이 회충(*Toxocara cati*)

② 전파 양식

- 감염된 동물(개나 고양이)의 분변을 통해 배출된 기생충의 알을 통해 전파
- 오염된 환경(토양, 음식, 물 등)을 통해 경구 감염

③ 주요 증상

가. 동물

- 개, 고양이: 설사, 복부 팽만, 구토, 체중 감소 등

나. 사람

- 발열, 기침, 간 비대, 피부 발진. 유충이행증으로 인한 손상이 나타남

- 내장 유충 이행증: 간, 폐, 심장에 손상
- 안구 유충 이행증: 시력 손실(시력 저하, 실명 가능)

④ 예방 및 관리

- 정기적 구충 및 배설물 관리
- 분변 처리 시 개인위생 관리 철저
- 배설물 및 오염된 환경 청소 철저

(2) 개구충증(hookworm disease, 개십이지장충증) 또는 갈고리촌충증(Ancylostomiasis)

구충(십이지장충) 유충에 감염되어 발생하는 기생충 질환으로, 토양 매개성 기생충으로 분류된다. 구충 유충이 오염된 흙에 접촉하거나 유충이 묻은 음식물을 섭취할 때 감염될 수 있다.

① 병원체

- 개구충(*Ancylostoma caninum*), 고양이 구충(*Ancylostoma braziliense*)

② 전파 양식

- 감염된 동물의 분변에 있는 유충이 피부를 통해 침투
- 배설물로 오염된 토양 또는 물 접촉

③ 주요 증상

가. 동물

- 개, 고양이: 설사, 혈변, 빈혈, 체중 감소, 무기력

나. 사람

- 피부 유충 이행증: 피부 가려움증과 발진, 염증성 피부 병변
- 호산구성 장염: 복통, 설사, 발열 등의 증상

④ 예방 및 관리

- 감염 동물의 철저한 배설물 관리

- 환경(토양, 물 등) 위생 철저. 맨발로 오염된 토양 접촉 피하기

(3) 포충증(hydatid disease, 에키노코쿠스증, Echinococcosis)

단방조충이나 다방조충의 유충에 의해 감염되어 발생하는 기생충 질환으로, 사람의 간, 폐, 신장 등 다양한 장기에 낭종을 형성한다. 사람은 종숙주인 개나 늑대 등의 동물 분변에 포함된 충란에 의해 감염된다.

① 병원체

- 단방조충(*Echinococcus granulosus*), 다방조충(*Echinococcus multilocularis*)

② 전파 양식

- 감염된 개, 고양이의 배설물에 포함된 기생충 알을 통해 전파
- 개나 늑대 등의 동물의 분변에 오염된 흙, 물, 음식 등을 섭취할 때 감염
- 감염된 동물을 만진 후 손으로 입에 옮겨 감염

③ 주요 증상

가. 동물

- 갯과의 육식동물이 종숙주
- 개, 고양이: 보통 무증상. 심한 감염 시 장폐색 또는 소화기 증상

나. 사람

- 낭포성 포충증: 간, 폐, 뇌 등에 낭종 형성, 장기 손상(간 비대, 복통, 폐기능 저하)
- 다방성 포충증: 암과 유사한 침습적 병변

④ 예방 및 관리

- 반려동물에게 정기적으로 구충제 투여 및 환경 위생 관리
- 손 씻기 등 개인위생 철저

(4) 조충증(Dipylidiasis, 디필리디움증)

개, 고양이, 야생 육식동물의 소장에 기생하는 조충으로, 중간 숙주인 개벼룩이나 사람벼룩을 통해 감염된다. 최종 숙주 동물인 개와 고양이로부터 수태편절이 배출되면 벼룩 유충이 충란(기생충 알)을 섭취한다. 충란에 감염된 벼룩을 종숙주가 섭취하면 약 일주일 후 성충이 된다. 주로 개나 고양이에서 발견되며, 사람 감염은 드물지만 사람도 감염될 수 있다. 감염된 사람의 경우, 소화기계 증상이나 항문에서 수태편절이 기어 나오는 증상을 나타낼 수 있다.

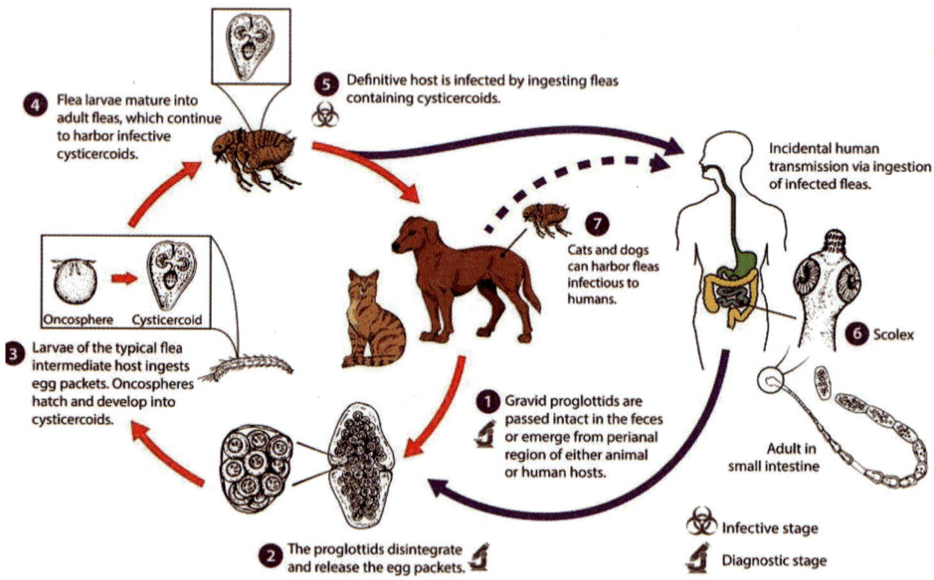

[그림 5-10] 개조충(*Dipylidium caninum*)

출처: https://www.cdc.gov/parasites/dipylidium/biology.html

① 병원체

- 개조충(*Dipylidium caninum*)

② 전파 양식

- 감염된 동물의 배설물과 함께 환경으로 기생충 알 배출 → 벼룩 유충이 기

생충 알을 섭취(벼룩 내부에서 부화하여 기생충 유충으로 성장) → 동물이 벼룩을 씹거나 삼킬 때 감염

③ 주요 증상

가. 동물

- 개: 설사, 체중 감소 등

나. 사람

- 경미한 복통, 소화 불량, 소화 장애, 식욕 부진, 설사, 체중 감소, 항문 주위 가려움증 등

④ 예방 및 관리

- 반려동물의 정기적인 구충
- 감염된 벼룩을 섭취하지 않도록 벼룩 방제 및 환경 관리
- 개인위생 관리

(5) 광절열두조충증(디필로보트리아증, Diphyllobothriasis)

주로 생선을 날것으로 먹는 사람에게서 감염 위험이 높다. 이 기생충에 감염되면 위장 장애, 체중 감소, 피로 등 다양한 증상이 나타날 수 있다. 광절열두조충(촌충)의 몸 일부가 알과 함께 배설되거나 혹은 알이 배설되면, 물속에서 갑각류(제1 중간 숙주, 예: 물벼룩)에 잡아먹힌다. 이후 담수어(제2 중간 숙주, 예: 송어)가 제1 중간 숙주인 갑각류를 잡아먹으면 기생충은 물고기의 피하조직이나 근육에서 성장한다. 마지막으로, 육식성 포유류(종숙주)가 이 담수어를 날것으로 먹게 되면 감염이 발생하며, 이 기생충은 테이프와 같은 형태로 수 미터 이상 자라게 된다.

① 병원체

- 광절열두조충(*Diphyllobothrium latum*, fish tapeworm)

② 전파 양식

- 담수어 섭취를 통해 동물 또는 사람이 기생충에 감염

③ 주요 증상

가. 동물

- 포유류: 대부분 무증상, 심한 감염 시 소화기 증상이나 영양 결핍 발생

나. 사람

- 대부분 무증상이거나 경미한 소화기 증상(복통, 설사, 메스꺼움 등)
- 드물게 장폐색, 장출혈, 비타민 B_{12} 결핍성 빈혈 발생

④ 예방 및 관리

- 생선은 익혀서 섭취

(6) 옴 감염증(Scabies, 개선충증)

숙주 동물의 피부 위나 피부 내에 사는 진드기류에 의한 외부기생충성 피부병으로, 진드기가 파고들어 가면서 기계적 손상을 유발하거나, 진드기 분비물에 의해 과민반응성 피부병을 유발한다.

① 병원체

- 옴진드기(*Sarcoptes scabiei*, *Sarcoptes canis*)

② 전파 양식

- 감염된 동물과의 직접 접촉 또는 오염된 환경을 통해 전파

③ 주요 증상

가. 동물

- 심한 가려움증(소양증), 피부 발진, 탈모

나. 사람

- 가려움증 및 피부 병변

④ 예방 및 관리

- 감염 동물 격리 및 치료
- 침구류, 기구 소독 철저

(7) 벼룩 감염증

외부기생충인 벼룩에 의해 발생하는 감염증으로, 사람뿐만 아니라 가축 및 다른 포유류와 조류 등 온혈동물을 숙주로 하며 흡혈한다. 벼룩은 털이 나 있는 여러 부위에 기생하며 가려움증을 유발하거나, 매개체로 작용하여 병원체를 전파한다.

① 병원체

- 개벼룩(*Ctenocephalides canis*), 고양이벼룩(*Ctenocephalides felis*), 쥐벼룩

② 전파 양식

- 벼룩에 물리거나 감염된 동물(쥐, 길고양이 등 야생 동물)과의 직접적인 접촉을 통해 전파

③ 주요 증상

가. 동물

- 벼룩에 물린 부위는 빨갛게 부풀어 오르며, 가려움증 또는 피부 염증과 발진을 유발

나. 사람

- 피부 자극이나 알레르기 반응(벼룩에 물린 자리에 붉은 반점이나 가려움증이 발생하고, 심한 경우 피부 염증이나 두드러기 등)

④ 예방 및 관리

- 반려동물의 벼룩 예방 관리
- 벼룩 감염 예방을 위한 환경 위생 철저 및 주변 환경 소독

6) 곰팡이(진균)성 인수공통감염병

동물과 사람 사이에서 전파될 수 있는 진균(곰팡이)에 의한 감염 질환으로, 곰팡이는 대개 토양 중에 또는 동물의 체내에 정상 균총으로 존재하고 있으면서 면역력이 떨어지면 기회감염(opportunitic infection)을 일으키거나, 면역 억제 시 균교대 감염증으로 발생하여 질병을 유발하는 경우가 많다. 오염된 환경(토양 등) 중의 곰팡이 포자에 접촉이나 호흡기를 통해 노출되어 척추동물-비동물 간 감염이 순환하는 형태(saprozoonosis)로, 면역 저하자는 곰팡이 포자에 대한 노출을 최소화하는 것이 중요하다.

(1) 피부사상균증(피부진균증, Dermatomycosis, Dermatophytosis)

피부사상균증은 '링웜(ringworm)'으로도 알려진 진균(곰팡이)성 피부염으로, 피부사상균이라는 진균이 원인체로 작용하는 질환이다. 이 진균은 피부의 가장 바깥층인 각질층뿐만 아니라 손발톱, 머리카락 등 다양한 부위에 감염되어 특징적인 원형 모양의 발진을 피부에 형성한다. 피부사상균은 숙주 영역이 비교적 넓고 간단한 접촉만으로도 전파될 수 있으므로 각별한 주의가 필요하며, 환경 위생에 특히 유의해야 한다. 반려동물(특히 고양이)과 사람 간 전파 가능성이 높다.

① 병원체

- 피부사상균(Dermatophytes)의 3개 속
  - 소포자균속(*Microsporum* spp.) : *Microsporum canis*, *Microsporum gypseum* 등
  - 백선균속(*Trichophyton* spp.) : *Trichophyton mentagrophytes* 등
  - 표피사상균속(*Epidermophyton* spp.)

② 전파 양식

- 감염된 반려동물(고양이, 개)의 피부, 털과의 접촉. 오염된 환경(침구, 빗, 카펫 등) 접촉

③ 주요 증상

가. 동물

- 탈모, 가려움증, 피부 비후, 가피, 농포 등(주로 얼굴, 귀, 다리에 병변 발생)

나. 사람

- 피부 백선(가려움증과 원형의 홍반성 병변), 피부염, 두피 백선 또는 손발톱 감염 가능

④ 예방 및 관리

- 감염된 동물 격리 및 치료
- 환경 소독(진균 제거 세정제 사용). 감염 동물 취급 시 장갑 착용
- 기구 고압 멸균 소독, 침구류 소각

(2) 스포로트리쿰증(Sporotrichosis)

피부의 창상을 통해 전파되는 진균(곰팡이) 감염병으로, 주로 피부와 림프계 감염을 유발하며, 드물게 전신 감염으로 진행될 수 있다. 상처 또는 피부 접촉을 통해 전파되므로 동물의 상처 관리와 개인 보호가 중요하다.

① 병원체

- 스포로트리 진균(*Sporothrix schenckii*)

② 전파 양식

- 감염된 반려동물(특히 고양이)의 발톱 긁힘이나 물림을 통한 상처로 전파
- 감염 동물의 병변에서 진균 포자가 방출되어 환경으로 전파 가능
- 오염된 식물, 흙과의 접촉(간접 경로)

③ 주요 증상

가. 동물

- 고양이: 피부 병변(궤양, 결절), 상처 감염, 감염 부위의 고름, 드물게 전신

감염 발생

나. 사람

- 피부 결절 및 궤양, 면역 저하자의 경우에는 림프절, 폐, 뼈 등으로 전신 감염 가능

④ 예방 및 관리

- 감염 동물과의 접촉 최소화
- 상처 관리 및 보호 장비 착용
- 감염 동물 치료 후 환경 소독

(3) 아스페르길루스증(Aspergillosis)

아스페르길루스증은 사람과 동물 간 직접 전파되는 사례는 드물기 때문에 전형적인 인수공통감염병(zoonosis)으로 간주되지는 않는다. 그러나 환경 중의 *Aspergillus* 포자에 노출되어 척추동물-비동물 간 감염 순환하는 인수공통감염병(saprozoonosis)으로, 면역 저하자는 곰팡이 포자에 대한 노출을 최소화하는 것이 중요하다.

① 병원체

- 아스페르길루스속의 진균(*Aspergillus fumigatus*)

② 전파 양식

- 호흡기를 통한 *Aspergillus* 포자 흡입 또는 창상, 피부 또는 점막을 통해 체내로 침투하여 감염
- 환경에서 흔히 발견되며 면역 저하자와 감염 동물의 분비물로 전염 가능

③ 주요 증상

가. 동물

- 조류: 폐와 기도를 주로 침범하여 호흡 곤란, 기침, 체중 감소

- 개: 비염, 재채기, 콧물, 코 출혈, 호흡 곤란 등 면역 저하 시 전신 감염으로 진행
- 고양이: 비강 및 안와 주위 감염으로 얼굴 부종, 눈 돌출, 시력 저하 등

나. 사람

- 국소 감염(코, 부비동), 면역 저하자에서 폐 감염이나 침습적 아스페르길루스증으로 진행

④ 예방 및 관리

- 면역력 유지, 감염된 동물과의 접촉 최소화, 환경 소독 및 환기 강화

(4) 칸디다증(Candidiasis)

칸디다는 자연적으로 존재하는 공생균으로, 거의 모든 동물의 피부와 점막 등 다양한 생체 내에 존재하지만 건강한 개체에는 해가 없다. 다른 질병의 합병증이나 균교대증 등 기회감염(opportunistic infection)으로 발병하는 경우가 많다. 면역 저하 등 신체의 감염 방어력이 저하된 경우, 과다 증식을 하여 질병을 유발한다.

① 병원체

- 칸디다속의 효모균(*Candida albicans*)

② 전파 양식

- 주요 감염 경로: 내인성 요인에 의한 자가 감염
- 드물게 감염된 사람, 동물과의 접촉을 통한 감염도 발생

③ 주요 증상

가. 동물

- 개: 면역력이 저하된 경우, 기침, 호흡 곤란, 식욕 부진 등의 호흡기 증상
- 고양이: 드물게 발생, 구강 내 감염, 피부 병변, 외이염 등의 증상

- 말: 위장관, 피부, 생식기 등에 발병하여 설사, 체중 감소, 피부 궤양 등의 증상
- 조류: 구강, 상부 소화관과 모래주머니에 우유 응괴물 같은 병소(백색 반점)를 형성, 식욕 부진, 체중 감소

나. 사람

- 점막(혀, 외음부, 질 등)에 우유 응괴물 같은 병소(백색 반점)를 형성
- 피부에 붉고 가려운 발진이 나타나며, 피부가 벗겨지거나 습진처럼 변함
- 복통, 설사, 변비 등의 소화기 증상
- 혈류를 통해 신체의 각종 장기로 퍼지면서 신부전, 심내막염, 뇌수막염, 시력장애 등을 유발

④ 예방 및 관리

- 면역 강화 유지

(5) 크립토코커스증(Cryptococcosis)

크립토코커스증은 치명적인 진균증으로, 허파 감염 시 폐렴을 유발하며, 기침, 호흡 곤란, 흉통, 발열이 주된 증상이다. 뇌에 감염 시 뇌수막염을 동반하며 두통, 발열, 구역질, 구토, 눈부심 등의 행동을 보일 수 있다.

① 병원체

- 크립토코커스(*Cryptococcus neoformans*, *Cryptococcus gattii*)

② 전파 양식

- 비둘기 분변의 오염된 환경(토양 등)에 존재하는 포자를 흡입하여 감염

③ 주요 증상

가. 동물

- 고양이: 비염, 호흡 곤란, 결막염, 피부 병변, 드물게 신경 증상

- 개: 주로 호흡기 증상, 피부 병변, 신경 증상
- 말: 폐렴, 피부 병변, 신경 증상
- 조류: 호흡기 증상과 신경 증상

나. 사람

- 면역 저하자에서 폐렴, 흉통, 호흡 곤란 등 호흡기 증상, 신경 증상, 피부 결절이나 궤양

④ 예방 및 관리

- 비둘기나 닭의 배설물로 오염된 토양에 대한 노출 최소화
- 감염된 동물 격리 및 치료
- 환기 및 환경 소독 철저히 시행

(6) 콕시디오이데스 진균증(Coccidioidomycosis, Valley Fever)

콕시디오이데스속의 진균에 의해 발생하는 감염증으로, 이 진균은 주로 미국 남서부 지역(애리조나, 캘리포니아)과 멕시코, 중남미의 토양에 서식하며, 토양에 존재하는 포자를 흡입함으로 감염 순환되는 척추동물-비동물 간 인수공통감염병(saprozoonosis)이다.

① 병원체

- 콕시디오이데스(*Coccidioides*)

② 전파 양식

- 호흡기를 통한 *Coccidioides* 포자 흡입 감염

③ 주요 증상

가. 동물

- 소, 양, 개, 설치류 및 야생 동물: 주로 폐병변이 생기며, 중증인 경우 피부, 내장, 뼈 등에 육아종을 형성

나. 사람

- 무증상이거나 경미한 호흡기 증상(기침, 발열, 오한, 흉통, 호흡 곤란 등)
- 피부 궤양, 관절통, 두통, 착란 등의 증상, 치명적 뇌수막염 증상

④ 예방 및 관리

- 면역력 유지
- 유행 지역에서 토양 먼지 등 환경적 노출 최소화

(7) 블라스토미스 진균증(Blastomycosis, Blastomyces dermatitidis)

북미 일부 지역과 아프리카 많은 지역에서 분포하며, 주로 말과 개가 감염된다. 토양에 존재하는 포자 흡입에 의한 호흡기 감염 후, 대부분 자연적으로 치유되나 일부의 경우 진행성 폐질환을 유발한 후 전신 감염증을 유발하고 치료하지 않을 경우 폐사한다.

① 병원체

- 블라스토미스(*Blastomyces dermatitidis*)

② 전파 양식

- 병원체는 주로 토양과 유기물질이 풍부한 환경에서 서식하며, 포자를 통해 전파
- 오염된 환경에서 포자 흡입

③ 주요 증상

가. 동물

- 개: 폐 감염, 기침, 체중 감소, 무기력, 피부 병변, 림프절 비대, 눈의 염증 등
- 고양이: 감염 사례가 드물지만, 호흡기 증상, 피부 병변, 발열 등

나. 사람

- 기침, 발열, 흉통, 호흡 곤란, 피부 궤양이나 결절

- 드물게 뼈, 비뇨생식기, 중추신경계 등으로 전이되어 다양한 임상 증상을 유발

④ 예방 및 관리

- 습하고 유기물이 많은 토양이 있는 지역에서의 활동을 최소화
- 호흡기 보호 장비를 착용하여 포자 흡입을 방지
- 환경 위생 관리로 진균의 서식을 억제

(8) 히스토플라스마증(Histoplasmosis)

북·남미와 영국, 오스트리아, 남아프리카 및 동남아시아 지역에서 발생하는 진균으로, 토양에 존재하는 포자를 호흡기를 통해 흡입하여 감염된다.

① 병원체

- 히스토플라즈마(*Histoplasma capsulatum*)

② 전파 양식

- 박쥐나 조류(특히 비둘기)의 분변이 오염된 토양 등 환경에서 포자 흡입
- 반려동물이 오염된 토양 또는 먼지에 노출된 후 사람에게 간접 전파 가능

③ 주요 증상

가. 동물

- 개, 고양이(*H. capsulatum*): 장관에 궤양 및 폐, 간, 비장 등에 결핵 유사 병변
- 소: 무증상 감염이 많으며, 폐에서의 석회화 병변 및 위장 관계에서 궤양 유발

나. 사람

- 고열, 설사, 체중 감소, 기침, 호흡 곤란, 폐에 석회화 병변을 유발
- 면역 저하자에서 전신 감염으로 진행 가능(발열, 무기력, 림프절 비대, 간 비대, 비장 비대 등

④ 예방 및 관리

- 면역력 유지
- 환기가 나쁜 밀폐된 장소 노출 최소화
- 유행 지역에서 토양 먼지 등 환경적 노출 최소화

7) 기타 인수공통감염병

(1) 소해면상뇌증(Bovine Spongiform Encephalopathy, BSE)

BSE는 인간과 동물 간의 종간 장벽을 넘어 전파되어 뇌에 스펀지 모양의 병변을 만드는 치명적인 신경 질환이다. 원인 병원체는 유전자나 세포 구조가 없는 감염성 입자로, 정상적인 프리온 단백질(PrP^C)이 비정상 프리온 단백질(PrP^Sc)로 변형되어 축적되면서 질병을 유발한다. 열, 자외선, 소독제 등에 매우 안정적이고, 일반적인 멸균 방법으로 제거하기 어렵다. 사람에게 전파될 경우, 변종 크로이츠펠트-야코프병(vCJD)을 유발할 수 있으며 잠복기는 수년에서 수십 년까지로 매우 길다. 치료법이 없으며 증상이 진행되면 점차 악화되어 결국 사망한다.

① 병원체

- 비정상적으로 변형된 프리온(prion) 단백질

② 전파 양식

- 감염된 동물의 육골분(meat and bone meal)을 사료로 사용하는 과정에서 다른 소에 전파
- 감염된 소의 뇌, 척수, 내장 조직을 섭취할 경우, 사람으로 전파

③ 주요 증상

가. 동물

- 소: 신경 증상(불안, 흥분, 공격성, 근육 경련, 보행 장애, 빛, 소리, 접촉에

과도하게 반응), 체중 감소 및 식욕 부진, 젖소의 경우 유량 감소

나. 사람

- 변종 크로이츠펠트-야코프병(vCJD)
- 행동 변화(우울증, 불안, 사회적 위축, 불면증, 집중력 감소), 신경 증상(근육 경련, 치매, 시각 장애 및 발음 곤란 등)

④ 예방 및 관리

- 감염 예방을 위해 감염 동물의 육골분 사료 사용 금지
- 고위험 조직(뇌, 척수 등)의 식품 체계 유입을 철저히 차단하는 것이 중요

참고문헌

가축위생 방역본부 (2021). 가축전염병의 이해. 가축위생 방역본부.

강경선, 김기석, 김석, 김태중, 김현수, 백병걸, 서건호, 이범준, 이영순, 이영주, 이재일, 이존화, 이후장, 임윤규, 최농훈, 홍종해, 황규계 (2004). 수의공중보건학. 문운당.

강경선, 김기석, 김석, 김태중, 김현수, 백병걸, 서건호, 이범준, 이영순, 이영주, 이재일, 이존화, 이후장, 임윤규, 최농훈, 홍종해, 황규계 (2010). 수의역학 및 인수공통전염병학. 문운당.

강공언, 김신무, 정정근, 홍성노 (2010). 공중보건학(제4판). 고려의학.

김병수, 배동화, 이수정, 천정환, 최인학, 하윤철 (2023). 동물공중보건학. 박영스토리.

김옥진, 황인수, 김병수, 조기래, 하윤철, 이형석, 정태호, 김현주, 최윤동, 홍선화 (2021). 동물공중보건학. 동일출판사.

김재호 (2021). 원 헬스(One Health) 측면에서 보건 연구의 동향. [BRIC Bio리포트]. BRIC.

동물공중보건학 수험연구회 (2023). 동물보건사 대비 동물공중보건학. 동일출판사.

식품의약품안전처 (2016). 미국 식품첨가물 제도 및 최신 현황. 식품의약품안전처.

배귀희, 이건형,여영현 (2016). 독일 의료보험제도 변화과정에서의 공공성에 관한 연구. 국가정책연구, 30(4), 431–460.

식품위생법 (2025). 국가법령정보센터.

식품의약품안전처 (2024). 식품첨가물의 기준 및 규격(식품의약품안전처 고시 제2024-56호). 식품의약품안전처.

식품의약품안전처 (2024). 식품첨가물 공전. 식품의약품안전처.

어금희, 한명애, 김영태, 송현주, 민경진, 김귀란 (2023). 이해하기 쉬운 HACCP 이론과 실제. 파워북.

이승헌, 김영민, 김성재 (2020). 미세먼지의 건강영향과 건강영향평가. 한국환경보건학회지, 46(2), 123–132.

한국방송통신대학교 (2017). 수의임상역학. KNOU PRESS.

Acharya, K. P., Paudel, S., Neupane, B., & Ghimire, P. (2020). One-health approach: A best possible way to control rabies. *One Health*, *10*, Article 100161.

Adeel, A. A. (2016). A relic of the Wellcome Tropical Research Laboratories in Khartoum

(1903-34). *Sudanese Journal of Paediatrics*, *16*(1), 67.

Barbieri, R., Signoli, M., Chevé, D., Costedoat, C., Tzortzis, S., Aboudharam, G., Raoult, D., & Drancourt, M. (2020). Yersinia pestis: The natural history of plague. *Clinical Microbiology Reviews*, *34*(1), e00044-19.

Centers for Disease Control and Prevention (CDC). *Zoonotic diseases.* https://www.cdc.gov/one-health/about/about-zoonotic-diseases.html

Daly, J. M. (2021). Zoonosis. In D. H. Bamford & M. Zuckerman (Eds.), *Encyclopedia of virology* (4th ed., Vol. 117). Academic Press.

David, R. (2007). *Handbook to life in ancient Egypt.* Oxford University Press.

Erraissi, A. (2019). Meta-modeling of big data visualization layer using on-line analytical processing (OLAP). *International Journal of Advanced Trends in Computer Science and Engineering*, *8*(4), 990–998.

Hong, A., Zampieri, R. A., Shaw, J. J., Floeter-Winter, L. M., & Laranjeira-Silva, M. F. (2020). One health approach to leishmaniases: Understanding the disease dynamics through diagnostic tools. *Pathogens*, *9*(10), 809.

Keenan, S., Niedziela, D., Morera-Pujol, V., Franklin, D., McMahon, B. J., McAloose, D., & McManus, D. P. (2024). Zoonotic disease classification in wildlife: A theoretical framework for researchers. *Mammal Review*, *54*(1), 63–77.

Kim, E., & DeWitte, S. N. (2022). Human-animal interactions and infectious disease: A view for bioarchaeology. *Bioarchaeology International*, *6*(1–2), 133–148.

Lee, S. D. (2022). Medical knowledge of medieval physician on the cause of plague during 1347/8-1351: Traditional understandings to poison theory. *Uisahak*, *31*(2), 363–392.

Lemuel Shattuck (1793–1859): Prophet of American public health. (1959). *American Journal of Public Health and the Nation's Health*, *49*(5), 676–677.

Malpe, M., Choudhari, S. G., Nagtode, N., & Muntode Gharde, P. (2024). The legacy of Sir Ronald Ross: From malaria research to multifaceted achievements. *Cureus*, *16*(8), e65999.

Rahman, M. T., Sobur, M. A., Islam, M. S., Ievy, S., Hossain, M. J., El Zowalaty, M. E., Rahman, A. T., & Ashour, H. M. (2020). Zoonotic diseases: Etiology, impact, and control. *Microorganisms*, *8*(9), 1405.

Sánchez Pérez, R., Aranda-Coello, J. M., De Fuentes Vicente, J. A., & Rico Chávez, O. (2024).

Clinicopathological alterations in wild mammals from the reservoir system of Trypanosoma cruzi: A scoping review. *Animal Diseases*, *4*(1), Article 6.

Schultz, M. (2008). Rudolf Virchow. *Emerging Infectious Diseases*, *14*(9), 1480–1481.

Stephen, J., Smith, A., & Brown, L. (Eds.). (2025). *Oxford textbook of zoonoses: Biology, clinical practice, and public health control* (2nd ed.). Oxford University Press.

Tulchinsky, T. H. (2018). John Snow, cholera, the Broad Street pump; Waterborne diseases then and now. In *Case studies in public health* (pp. 77–99).

WHO (2021). Global air quality and health (WHO/HEP/ECH/AQH/2021.3).

WOAH (2018). *Zero by 30: The global strategic plan to eradicate dog-mediated human rabies* (Final version). https://www.woah.org/app/uploads/2021/03/zero-by-30-final-130618.pdf

Zhou, H., Fang, L., Wang, L., & Han, X. (2021). A review of SARS-CoV2: Compared with SARS-CoV and MERS-CoV. *Frontiers in Medicine*, *8*, 628370.

국립수의과학검역원 https://www.qia.go.kr/

질병관리청 https://www.kdca.go.kr/

한국식품안전관리인증원 https://www.haccp.or.kr/main.do

Bioninja https://old-ib.bioninja.com.au/standard-level/topic-6-human-physiology/63-defence-against-infectio/pathogens.html

WHO https://www.who.int/news-room/fact-sheets/detail/zoonoses

WOAH https://www.woah.org/en/home/

저자소개

이수경 경인여자대학교 반려동물보건학과 교수

김수현 유한대학교 반려동물보건학과 교수

김진현 경인여자대학교 반려동물보건학과 교수

윤서연 유한대학교 반려동물보건학과 교수

장진욱 경남정보대학교 반려동물학과 교수

정수연 구미대학교 반려동물케어과 교수

동물공중보건학

초판 1쇄 인쇄 2025년 8월 1일
초판 1쇄 발행 2025년 8월 8일

지 은 이 | 이수경 · 김수현 · 김진현 · 윤서연 · 장진욱 · 정수연
펴 낸 이 | 김기섭
편 집 인 | 이혜란
펴 낸 곳 | 창지사 www.changjisa.com
08589 서울시 금천구 가산디지털 1로 83 파트너스타워 1차 9층
전화 (02)719-2211~3
팩스 (02)701-9386
등 록 | 1977년 4월 28일 · 제1-421호

ISBN 978-89-426-1933-7 (93520)

값 24,000원